U0314699

普通高等教育"十四五"规划教材

矿物界面分选

Mineral Interface Separation

李 东　杨慧芬　编著

本书数字资源

北　京

冶金工业出版社

2023

内 容 提 要

本书共分 6 章，系统地介绍了界面分选的概念与发展历史；界面分选的基础理论，包括润湿性理论、双电层理论、吸附理论及浮选动力学等；界面分选捕收剂、起泡剂、调整剂的性质、分类和用途；界面分选设备的分类、工作原理、结构特点与性能关系；界面分选工艺的物理、化学影响因素及原则流程选择；有色金属硫化矿、有色金属氧化矿、铁矿、稀土矿、非金属矿等的界面分选实践与工程应用。

本书为大专院校矿物加工工程专业学生的专业教材，也可作为冶金、化工等相关专业的教学参考书，对相关科研院所的科研人员也有参考价值。

图书在版编目（CIP）数据

矿物界面分选/李东，杨慧芬编著 . —北京：冶金工业出版社，2023.1
普通高等教育"十四五"规划教材
ISBN 978-7-5024-9371-4

Ⅰ.①矿…　Ⅱ.①李…　②杨…　Ⅲ.①矿物—分选工艺—高等学校—教材　Ⅳ.①TD92

中国国家版本馆 CIP 数据核字（2023）第 012336 号

矿物界面分选

出版发行	冶金工业出版社	电　　话	(010)64027926
地　　址	北京市东城区嵩祝院北巷 39 号	邮　　编	100009
网　　址	www.mip1953.com	电子信箱	service@ mip1953.com

责任编辑　于昕蕾　卢 蕊　美术编辑　吕欣童　版式设计　郑小利
责任校对　王永欣　责任印制　禹 蕊
三河市双峰印刷装订有限公司印刷
2023 年 1 月第 1 版，2023 年 1 月第 1 次印刷
787mm×1092mm　1/16；9.5 印张；224 千字；141 页
定价 **30.00** 元

投稿电话　(010)64027932　投稿信箱　tougao@cnmip.com.cn
营销中心电话　(010)64044283
冶金工业出版社天猫旗舰店　yjgycbs.tmall.com
（本书如有印装质量问题，本社营销中心负责退换）

前　言

我国矿产资源虽然储量丰富，但大部分矿石属于"贫、细、杂"的难选矿石，随着矿产资源的日益开采，矿石性质的复杂化与贫细化成为了今后矿物加工业面临的重要课题。矿物界面分选主要利用矿物界面性质的差异来分离、提取有用矿物，与重选、磁选等传统选矿方法相比，更适合作为"贫、细、杂"矿产资源的分选方法。此外，界面分选工艺在冶金、化工、环保等领域均有广泛应用。因此矿物界面分选越来越受到重视，属于矿物加工工程专业的核心课程，通常作为矿物加工本科生的必修课。

本书是一本矿物加工工程专业的教材，全书6章内容全面总结了界面分选的发展历史、界面分选基础理论、界面分选药剂、界面分选设备、界面分选工艺和界面分选的工程应用，具有适宜的学习深度与广度，可作为本科生的专业教材使用。本书在深入浅出地介绍界面分选相关经典基础理论知识的基础上，力求全面、系统地反映国内外最新研究成果，在重视基础理论的同时，更加注重工程化应用，以便从事矿物加工工程及相关专业的科研人员、生产企业的技术人员以及高等院校相关专业的师生阅读参考。考虑到"矿物界面分选"又习惯称为矿物浮选，为方便读者阅读理解，本书中也会用"浮选"来代替"界面分选"。

本书由北京科技大学李东博士（4~6章）和杨慧芬教授（1~3章）共同编著。本书在编写过程中，参阅了大量相关的国内外文献资料，谨向本书参考资料所涉及的所有作者表示诚挚感谢！本书得到北京科技大学教材建设经费资助，得到了北京科技大学教务处的全程支持，在此也表示感谢。此外，还要感谢冶金工业出版社编辑的认真审阅和细心修改。

由于编著者水平与时间有限，书中难免有不当之处，望广大读者批评指正。

编著者

2022 年 9 月

目　　录

1 绪 论

本章要点：
  （1）界面分选的发展历史。
  （2）界面分选的主要过程。
  （3）界面分选技术的重要性。

  矿物界面分选是以不同矿物颗粒界面性质的差异为基础进行的矿物湿法分离技术。由于分选过程的典型现象是目的矿物通过漂浮上升实现与非目的矿物的分离，因此早期矿物界面分选常称为浮选，且至今仍被广泛采用。

  矿物界面分选包括表层浮选、全油浮选、泡沫浮选等。中国古代利用矿物表面的天然疏水性分离富集矿质药物，如朱砂、滑石等，使矿质药物细粉飘浮于水面而与下沉的脉石分开。淘洗砂金时，将羽毛蘸油黏捕亲油疏水的金、银细粒，称为鹅毛刮金，迄今仍有应用。明《天工开物》记载金银作坊回收废弃器皿和尘土中金、银粉末时"滴清油数点，伴落聚底"，就是利用其表面性质的差异进行分选的方法。西方古代，如在古希腊和欧洲也有用油和沥青收集矿物的证据。18世纪人们已知道气体黏附固体颗粒上升至水面的现象，19世纪时人们就曾用气化（煮沸矿浆）或加酸与碳酸盐矿物反应产生的气泡浮选石墨，19世纪末期由于对金属的需求量不断增加，能用重选处理的粗粒铅、锌、铜硫化矿的资源逐渐减少，在澳大利亚、美国及一些欧洲国家开始用浮选选别细粒矿石，为冶炼提供精矿。初期应用薄膜浮选法及全油浮选法，前者是将矿石粉洒于浮选机中流动的水面上，疏水性矿物飘浮于表层被回收。而后者在矿浆中拌入一定数量的矿物油，黏捕疏水亲油矿粒并浮至矿浆表面回收。

  到20世纪初应用泡沫浮选法，按矿粒对水中气泡亲和程度不同进行选别。1922年用氰化物抑制闪锌矿和黄铁矿，发展了优先浮选工艺，1925年使用以黄药为代表的合成浮选药剂，药剂用量由全油浮选时为矿石量的1%~10%降至矿石量的万分之几，使浮选得到了重大发展，并广泛应用于工业生产。同时，浮选理论的研究也迅速发展，从20世纪20年代至20世纪60年代前后，一些重要的著作有：美国Taggart的 *Handbook of Ore Dressing*，1927年第1版；Gaudin的 *Flotation*，1932年第1版；澳大利亚的Sutherland和Wark的 *Principles of Flotation*，1955年第1版；苏联Bogdanow的 *Theory and Technology of Flotation*，1959年第1版。至20世纪60年代前后，浮选的三大理论（润湿理论、双电层理论及吸附理论）已初步形成。其中，润湿理论主要研究矿物表面接触角大小、黏附感应时间、表面水化膜的形成等与可浮性关系；双电层理论主要研究矿物表面电性起源、荷电机理、表面定位离子、双电层结构、表面电位（动电位）与可浮性的关系；吸附理论主要研究浮选剂在矿物表面的吸附机理、吸附状态与吸附能力，并用吸附等温线与方程进行描述。

  1949 年以前中国只有几座浮选厂，1949 年以后建成了几百座处理各种矿石的现代浮选厂。在多金属矿石的分离浮选、复杂矿石的综合利用、铁矿石浮选以及非金属矿石与煤的浮选等领域内，均取得了成就。目前浮选已成为应用最广泛、最有前途的分离方法，不仅广泛用于选别含铜、铅、锌、钼、铁、锰等的金属矿物，也用于选别石墨、重晶石、萤石、磷灰石等非金属矿物；还用在冶金工业中分离冶金中间产品或炉渣，从工厂排放的废水中回收有价金属。浮选方法还用于工业、油田等生产废水的净化；用于从造纸废液中回收纤维；用于废纸再生过程中脱除油墨；用于回收肥皂厂的油脂及分选染料等。在食品工业中应用浮选方法从黑麦中分出麦角，从牛奶中分选奶酪。此外，浮选方法还用于从水中脱出寄生虫卵，分离结核杆菌和大肠杆菌等。

  浮选过程的结构框图如图 1-1 所示。

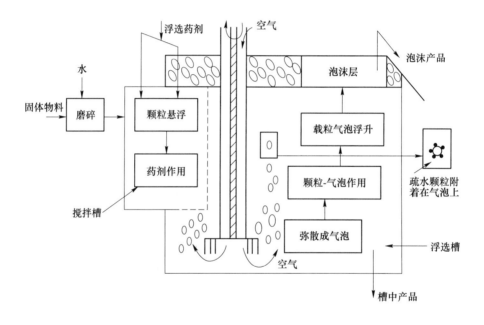

图 1-1 浮选过程的结构框图

  图 1-1 清楚地展示了浮选所包括的主要过程，即：

  （1）磨碎。磨碎的目的是使固体物料达到单体解离，这是实现分选的前提条件，使欲浮物料易于浮出。

  （2）调浆。浮选要求矿浆浓度为 25%~30%的固体质量分数，并以一定的速度运动，使矿浆处于湍流状态，以保证颗粒悬浮。

  （3）加药。悬浮颗粒与浮选药剂作用，使目的颗粒的表面呈现强疏水性。

  （4）充气。加入起泡剂，使矿浆中产生气泡并弥散，颗粒与气泡接触，疏水性颗粒黏着在气泡上，随气泡浮升。

  （5）分离。将浮到液面的矿化泡沫层刮出，得到泡沫产品和槽中产品。

习　题

1-1　简述界面分选理论与技术的发展。

1-2　简述界面分选的主要过程。

2 界面分选原理

本章要点：
 （1）矿物晶体结构与表面性质间的关系。
 （2）润湿方程及其物理意义。
 （3）矿物的双电层结构与表面电位。
 （4）吸附理论与模型。
 （5）气泡矿化的方式与浮选动力学模型。

2.1 界面分选三相的性质

界面分选（浮选）是基于不同矿物的表面性质差异，通过它们对矿浆中液体和气体的作用不同而实现分选的。有的矿物疏水、亲气，可黏附到气泡上，进入泡沫层成为精矿；另一些矿物亲水、疏气则不与气泡黏附，留在矿浆中成为尾矿。界面分选中矿物的表面性质差异主要是由矿物的组成及结构不同所致，同时由于浮选是包括固、液、气三相体系的过程，所以又与液相和气相的性质有关。

界面分选是在气、液、固三相联合作用下进行的，是一个包括气、固、液三相的系统，是在该系统中完成的复杂物理化学过程，如图 2-1 所示。所用的气体主要为空气，有时也用甲烷和 CO 气体，在液相中形成气泡，携带目的矿物上浮。所用液体主要为水，如河水、海水和回水等，为分选介质。固体则指被分离的对象——矿物。

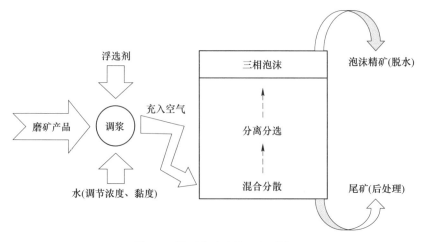

图 2-1 界面分选中的三相系统

固体矿物颗粒和水构成的矿浆（矿浆通常来自分级或浓缩作业）首先要在搅拌槽内用适当的浮选药剂进行调和，某些情况下还会补加一些清水或选矿回水来调配矿浆浓度，使之符合浮选要求。添加浮选药剂调浆的主要目的是增强欲浮矿物表面疏水性（如捕收剂、活化剂），或使不欲浮矿物表面更加亲水（抑制剂）而抑制其上浮，或促进气泡的形成与分散（起泡剂）。调好的矿浆被送往浮选槽，矿浆和空气会被旋转的叶轮同时吸入浮选槽内。空气被矿浆的湍流运动粉碎为许多气泡，并在起泡剂的作用下继续形成微小气泡。在矿浆中矿粒会与气泡发生碰撞或接触，并按表面疏水性的差异决定矿粒能否在气泡表面附着。最终，疏水性强的矿粒会附着到气泡表面，并随气泡升浮形成泡沫层，被刮出后成为精矿；而亲水性强的矿粒则不能与气泡黏附而留在矿浆中，最后排出浮选槽成为尾矿。这种有用矿物进入泡沫，成为精矿的称为正浮选，反之称为反浮选。在浮选槽中主要发生了气液固三相混合、气泡分散与矿化、浮选分离等过程，因此不难看出矿物颗粒表面性质差异的重要性，这也是浮选的基本依据。

2.1.1　固相的结构和性质

决定可浮性的主要因素是固体矿物的化学组成和物质结构，晶格结构的差异不但会影响矿物内部的性质，也会导致其表面性质有所不同，这主要与其晶格键能有关。理想矿物的结晶构造及键能比较有规律，但经破碎、磨碎后的矿物颗粒则有晶格缺陷等物理不均匀性，有时还会有类质同象等化学不均匀性存在。此外，颗粒表面的氧化及溶解也会影响其可浮性。

2.1.1.1　矿物的晶格结构与表面键能

经破碎、磨碎产生的矿物颗粒表面，因晶格受到破坏，而存在剩余的不饱和键能，因此具有一定的"表面能"。这种表面能对其与水、矿浆或溶液中的离子、分子、浮选药剂及气体等的作用起决定性的影响。处在矿物颗粒表面的原子、分子或离子的吸引力和表面键能特性等，取决于其内部结构及断裂面的结构特点。

矿物的内部结构按键能可分为4类：其一是离子键或离子晶体，如萤石、方解石、白铅矿、闪锌矿和岩盐等。其二是共价键或共价晶格，其典型代表是金刚石、石英、金红石、锡石等。其三是分子键或分子晶格，如石墨、辉钼矿等，在其层状结构中，层与层之间是分子键。其四是金属键或金属晶格，如自然铜、自然铋、自然金和自然银均属此类。此外，方铅矿、黄铁矿等具有半导体性质的金属硫化物矿物，是介于离子键、共价键和金属键之间的过渡形式，属于包含多种键能的晶体。

界面分选的矿物大都经过了破碎和磨碎，破碎时往往沿脆弱面（如裂缝、解理面、晶格间含杂质区等）断裂，或沿应力集中部位断裂。图2-2列出了6种典型的晶体结构，现以解理面为基础，简要分析一下它们的断裂面。

岩盐为单纯离子晶格，断裂时，常沿着离子间界面断裂，在解理面上分布有相同数目的阴离子和阳离子，可能出现的断裂面如图2-2（a）中的虚线所示。

萤石也是离子晶格，在萤石中，断裂主要沿图2-2（b）中的虚线进行。由此可见，

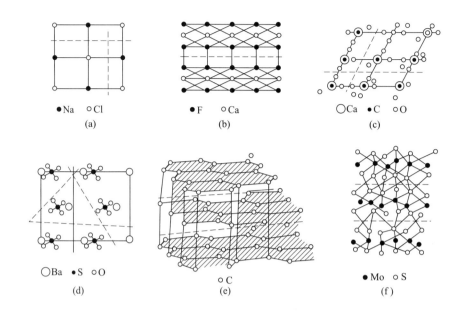

图 2-2　典型的晶格及可能的断裂面

（a）岩盐；（b）萤石；（c）方解石；（d）重晶石；（e）石墨；（f）辉钼矿

在萤石的晶格中有两种面网排列方式，一种是 Ca^{2+} 与 F^- 面网相互排列，另一种是由 F^- 与 F^- 面网排列，Ca^{2+} 和 F^- 之间存在着较强的键合能力；F^- 与 F^- 之间的静电斥力导致了晶体内的脆弱解理面。因此，当受到外力作用发生破裂时，萤石常沿 F^- 组成的面网层断裂开。

方解石虽然也是离子晶格，但在它的晶格中含有 CO_3^{2-}，因 C—O 键为更强的共价键，所以不会沿 CO_3^{2-} 中的 C—O 键断开。受外力作用发生破裂时，方解石将沿图 2-2（c）中的虚线所表示的 CO_3^{2-} 与 Ca^{2+} 交界面断裂。

重晶石的碎裂如图 2-2（d）中的虚线所示，它有 3 个解理面，都是沿含氧离子的面网间发生破裂。

石墨和辉钼矿都具有典型的层状结构。如图 2-2（e）所示，在石墨中，层与层间的距离（图中的垂直距离）为 0.339nm，而层内碳原子之间相距 0.12nm，所以容易沿此层片间裂开；辉钼矿则是沿平行的硫原子的层片间断裂，见图 2-2（f）。

实践中最常见的硅酸盐矿物和硅铝酸盐矿物，常呈骨架状结构。骨架的最基本单位为二氧化硅，硅氧构成四面体，硅在四面体的中心，氧在四面体的顶端，彼此联系起来构成骨架。在骨架内，原子间距离在各个方向上都相同。硅酸盐矿物中的 Si^{4+} 易被 Al^{3+} 取代，形成铝硅酸盐矿物，其硅氧四面体中硅与氧的比例影响解理面的性质。另外，Al^{3+} 比 Si^{4+} 少 1 个正价，因此就必须引入 1 个 1 价阳离子才能保持电中性，被引入的离子常常是 Na^+ 和 K^+，但 Na^+ 或 K^+ 处于骨架之外，骨架与 Na^+ 或 K^+ 之间为离子键，硅氧之间为共价键，所以此类矿物破碎以后，颗粒表面具有很强的亲水性。

矿物表面破碎后，其表面的不饱和键能，即表面自由能可通过计算获得。表 2-1 为通过表面热力学计算获得的表面键能值。

表 2-1　几种矿物的表面能大小

矿物	测量或计算温度/K	晶面	表面自由能/J·m^{-2}	确定方法
金刚石	0	[111]	5.65	计算
		[100]	9.82	
云母	0		2.40	计算
			5.40	
石英	77	[1011]	0.41	实例
		[1011]	0.51	
		[1010]	1.03	
石墨	298		0.110	实例
石蜡	298		0.025	
NaCl	298	[100]	0.158	计算
		[110]	0.354	
CaF$_2$	0	[110]	1.082	计算
	298	[111]	0.45	
CaCO$_3$	298	[001]	0.23	计算
MgO	0	[100]	1.20	计算
Al$_2$O$_3$	298		1.90	

　　矿物表面键能的差异对矿物的可浮性影响极大，这就是决定矿物可浮性的"键能因素"。当矿物表面具有较强的离子键、共价键时，其不饱和程度较高，矿物表面有较强的极性和化学活性，对极性水分子有较大的吸引力，矿物表面表现出亲水性，称之为亲水性表面，此时的矿物可浮性差。当矿物表面是弱的分子键时，其不饱和程度较低，矿物表面的极性和化学活性均较弱，对极性水分子的吸引力小，这种矿物表面具有疏水性，称为疏水性表面，此时的矿物可浮性好。常见矿物按表面性质分类一览表见表 2-2。

表 2-2　常见矿物按表面性质分类情况

类别	Ⅰ	Ⅱ	Ⅲ	Ⅳ	Ⅴ	Ⅵ
表面性质	分子键，非极性表面，润湿性小	共价键，部分金属键和离子键，润湿性较小	离子键，极性表面，润湿性较大	多种键型，极性表面，润湿性大	表面容易氧化、溶解，极性表面，润湿性大	表面极易溶解

类别	Ⅰ	Ⅱ	Ⅲ	Ⅳ	Ⅴ	Ⅵ
所包含的 主要矿物	自然硫 石墨 滑石 辉钼矿 自然金 自然银 自然铂	黄铜矿 辉铜矿 铜蓝 斑铜矿 黝铜矿 硫砷铜矿 砷黝铜矿 方铅矿 闪锌矿 黄铁矿 磁黄铁矿 镍黄铁矿 针硫镍矿 砷镍矿 硫化钴矿 辉砷钴矿 雄黄 雌黄 毒砂 辉锑矿 辉铋矿 辰砂	萤石 白钨矿 磷灰石 方解石 白云石 重晶石 菱镁矿	赤铁矿 针铁矿 磁铁矿 软锰矿 菱锰矿 黑钨矿 钛铁矿 钽铁矿 铌铁矿 金红石 锆石 绿柱石 锡石 锂辉石 石英 电气石 蓝晶石 高岭石 一水铝石 三水铝石 刚玉	孔雀石 蓝铜矿 赤铜矿 硅孔雀石 白铅矿 铅钒 钼铅矿 菱锌矿 异极矿	硼砂 石盐 钾盐

2.1.1.2　矿物表面的不均匀性与可浮性

试验研究常常发现，即便是同一种矿物，有时也会表现出不同的可浮性。这是因为矿物破裂后的颗粒表面性质很不均匀，表面上存在着许多物理不均匀性、化学不均匀性和物理化学不均匀性（半导体性质），从而导致可浮性发生各种各样的变化。

A　矿物表面的物理不均匀性

典型完整的晶体是少见的，总是有这样那样结构上的缺陷，使矿物表面常呈现出宏观不均匀性。其晶格常产生各种缺陷、位错现象等，导致了矿物表面的物理不均匀性。

矿物表面的宏观不均匀性与其表面形状（有无凸部、凹部、边角等）有关，也与是否存在孔隙、裂缝有关。当矿物晶体沿不同方向断裂时，显示出能量性质的各向异性，见图 2-3。

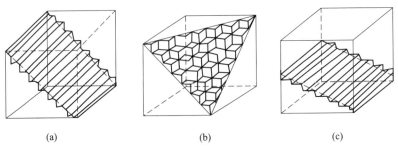

（a）　　　　　　　（b）　　　　　　　（c）

图 2-3　石盐晶体的碎裂面

（a）石盐晶体沿十二面体晶面破碎后的表面；（b）石盐晶体沿八面体晶面破碎后的表面；
（c）石盐晶体对立方体晶面成任意角度破裂的表面

显然，在边上、角上和凸出部位能量状态都显著不同。这些位置上的原子与晶体中其他原子相比，其吸附活性也不相同。特别是石盐经受磨碎时，磨碎介质的打击方向是紊乱的，所以经过磨碎后的石盐表面更加不均匀。表2-3为石盐颗粒及其表面能、棱边能值。

表 2-3 石盐颗粒及其表面能、棱边能

边长/mm	相对个数	总表面积/m^2	总棱长/m	表面能/$J \cdot m^{-2}$	棱边能/$J \cdot m^{-2}$
7.7	1	3.6×10^{-4}	9.3×10^{-2}	1.08×10^{-1}	2.8×10^{-1}
1	4.6×10^2	2.8×10^{-3}	5.6	8.4×10^{-1}	1.7×10^{-8}
1×10^{-1}	4.6×10^5	2.8×10^{-2}	5.5×10^2	8.4	1.7×10^{-6}
1×10^{-1}	4.6×10^8	2.8×10^{-1}	5.5×10^4	8.4×10^1	1.7×10^{-4}
1×10^{-3}	4.6×10^{11}	2.8	5.5×10^6	8.4×10^2	1.7×10^{-2}
1×10^{-5}	4.6×10^{17}	2.8×10^2	5.5×10^{10}	8.4×10^4	1.7×10^2

图2-4和图2-5所示的位错和镶嵌结构，也是矿物表面物理不均匀性的常见现象。以上这些矿物的各种物理不均匀性，对其可浮性均会产生一定影响。实践证明，晶格缺陷、杂质、半导体性质、位错等不仅直接影响可浮性，还可用来分析浮选药剂与颗粒表面的作用机理。当然，也可以通过加入杂质、浸除颗粒表面杂质或通过辐射、加热和加压等方法来改变晶格缺陷及位错，借以人为地改变物料的可浮性。

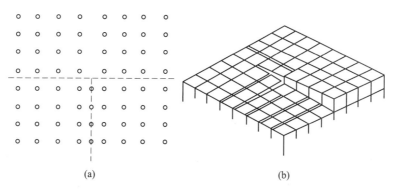

(a)　　　　　　　　　　　　(b)

图 2-4 位错示意图

(a) 边缘位错；(b) 螺旋位错

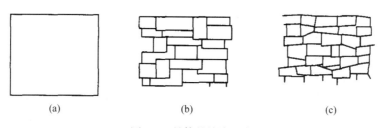

(a)　　　　　　(b)　　　　　　(c)

图 2-5 晶体的镶嵌现象

(a) 完整晶体；(b) 微晶的平行镶嵌；(c) 微晶的无定向镶嵌

B 矿物表面的化学不均匀性

在实际矿石中，各种元素之间的化学键并不像其化学式表示的那样单纯，常常含有一些非化学式的计量组分。非化学计量情况大体可分为如图 2-6 所示的 4 种类型：Ⅰ型为阴离子空位引起的金属过量；Ⅱ型为间隙阳离子引起的金属过量；Ⅲ型为间隙阴离子导致非金属过量；Ⅳ型为阳离子空位使非金属过量。

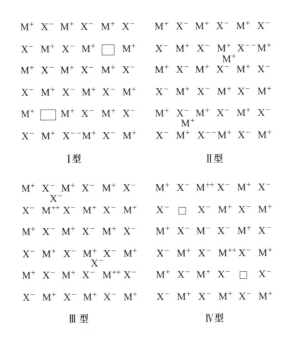

图 2-6 非化学计量及缺陷的 4 种类型
M—金属；X—非金属

当金属元素过剩或非金属元素不足时，属于正电性的晶格缺陷；反之，非金属元素过剩或金属元素不足时，则属于负电性的晶格缺陷。正电性缺陷是吸引电子的中心，可促进颗粒表面吸附阴离子；而负电性缺陷则是排斥电子的中心，将阻止阴离子的吸附。

杂质离子的掺入以及类质同象的存在也会造成颗粒表面的不均匀性，如硒和碲往往以类质同象的方式混入各种硫化物矿物（黄铁矿及磁黄铁矿）内，有些元素如铟、镉、镓、锗等也往往以类质同象的方式混入其他矿物晶格中或形成均匀混溶的固态物质称为固溶体。由此造成的颗粒表面不均匀性，也必然会影响它们的可浮性。

C 半导体性质

几乎所有的金属硫化物矿物，如黄铁矿、黄铜矿、方铅矿等都具有半导体特性，其特点是电导率比金属低得多（电阻率介于 $10^{-4} \sim 10^7 \Omega \cdot m$），其中的载流子包括自由电子和空穴两种。所谓空穴是本来应有电子的地方没有了电子，即电子缺位。在半导体中，何种载流子占多数即决定它们属于电子型还是空穴型，分别称为电子半导体（或称 N 型半导体）和空穴半导体（或称 P 型半导体），N 型半导体靠电子导电，P 型半导体则靠空穴导电。

硫化物矿物的半导体性质与本身晶格缺陷的浓度有密切关系，同时也受杂质影响。一般来说，当缺陷属于图2-6中的Ⅰ型和Ⅱ型（即为阴离子空位或间隙阳离子）时，因金属过量，呈正电性缺陷，电子密度增加而使晶体成为N型；当缺陷属于Ⅲ型和Ⅳ型（即间隙阴离子或阳离子空位）时，因非金属过量而呈负电性缺陷，导致空穴密度增加而使晶体成为P型。例如，当硫化铅中的铅化学计量过剩时，导致电子导电性即N型半导体，而硫多余时将导致空穴导电性即P型半导体。

当然缺陷的类型及浓度也受杂质的影响。如纯的硫化锌，其电导接近于绝缘体（在室温条件下，电导为$10^{10} \sim 10^{12}$ S）。但天然的闪锌矿因存在杂质而具有半导体性质，并且影响其电导及半导体类型。如果闪锌矿晶格上的一些锌原子位置被铁取代，则属于N型半导体，是最常见的典型的电子型半导体闪锌矿；若晶格上一些锌原子位置被铜取代，则属于P型，即是空穴型半导体闪锌矿，而锰和钙等元素杂质则不改变闪锌矿的导电类型。

D　矿物表面不均匀性与可浮性

矿物表面不均匀性直接影响其与水及水中各种组分的作用，因而导致可浮性变化。图2-7为方铅矿（PbS）晶格缺陷（阳离子空位）与黄原酸离子反应的示意图。

由于阳离子空位，使方铅矿表面的化合价及电荷状态失去平衡，造成负电性缺陷，在空位附近的电荷状态使硫离子对电子有较强的吸引力，而阳离子则形成较高的电荷状态及较多的自由外层轨道，缺陷使晶体半导

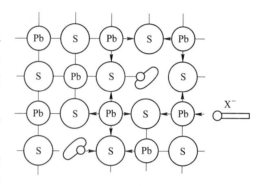

图2-7　方铅矿缺陷与黄原酸离子反应的示意图

体性质成为P型，因而形成对黄原酸阴离子具有较强吸附力的中心。相反，若缺陷使晶体半导体性质成为N型（阴离子空位或间隙阳离子），则不利于黄原酸阴离子在矿物表面的吸附。理想的方铅矿晶格内部，铅与硫之间的化学键大部分是共价键，只有少量是离子键，其内部价电荷是平衡的，所以对外界离子的吸附力不强。但缺陷使方铅矿内部的价电荷不平衡，从而形成表面活性，产生不均匀性，这就是缺陷的类型及浓度直接影响方铅矿的可浮性，也是导致不同的方铅矿具有不同可浮性的原因之一。对硫化物矿物而言，缺陷除影响捕收剂的吸附外，还影响氧化还原状态及界面电化学反应。

如前所述，方铅矿、闪锌矿、黄铜矿、黄铁矿等许多硫化物矿物常含有杂质离子。如来自不同矿床的闪锌矿厂因含杂质离子而具有不同的颜色。随着杂质的改变，其颜色可以是浅绿色、棕褐色、深棕色或钢灰色。绿色、灰色和黄绿色是二价铁离子引起的，深棕色、棕褐色和黄棕色是锌离子的显色特性及同晶型镉离子的取代所致。随着闪锌矿晶格中铁离子的增加，其颜色由淡变深，当铁含量达20%左右，甚至达到26%时，这类闪锌矿变成黑色，并称之为高铁闪锌矿。各种颜色闪锌矿的可浮性差异非常明显，通常含Ag、Cu和Pb等杂质时，能提高闪锌矿的可浮性，而含另一些杂质特别是铁时，则会降低闪锌矿的可浮性，并对锌精矿的质量产生不利影响。杂质的取代交替，使得闪锌矿晶格中的部分离子键、晶格参数、晶体表面能及半导体性质发生变化，从而使闪锌矿有着广泛的化学不均匀性。

2.1.2 液相的结构和性质

界面分选时液相为水，液相水的性质对矿物界面性质、浮选药剂性质及浮选过程均产生极大影响，决定了浮选的特征。

2.1.2.1 液相水的结构特点

水分子由两个氢原子和一个氧原子组成，三个原子核构成以两个质子为底的等腰三角形（见图 2-8）。其中氧的两个独对电子不成键，形成两个负电中心，两个杂化轨道与氢成键，形成水分子的两个正极，成为有两个正极和两个负极的四极结构，其电荷集中在四面体的顶部。由水分子的结构可知，水分子的正负电荷中心距离较远，因此为强偶极子。

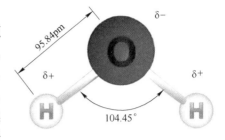

图 2-8　水分子的结构示意图

液相水的宏观结构特点主要是由水的氢键缔合和偶极缔合所引起的"四面体笼架结构"和"闪动团簇"，分别见图 2-9 和图 2-10。

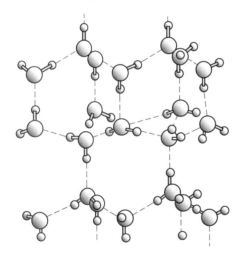

图 2-9　水分子通过氢键形成的四面体结构

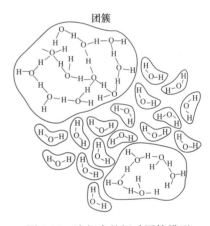

图 2-10　液相水的闪动团簇模型

水分子有两个正极和两个负极，且相距较远。水分子的两个正电性的氢原子同相邻水分子中的氧原子的独对电子相互吸引，形成氢键（氢键缔合）。氢键能约为 18.9kJ/mol，这是水分子的主要缔合能。每个水分子都可能与临近的四个水分子通过氢键结合形成四面体笼架结构。此外，作为强偶极分子，水分子间还具有分子作用能（分子缔合能），其分子缔合能为 4~8kJ/mol，其中 85% 为定向效应，10% 为色散效应，5% 为诱导效应。由此可见，水分子可能主要通过氢键缔合（其次是分子缔合），形成宏观上如图 2-9 所示的"大分子"特性。

水的"闪动团簇"模型则认为液相水是由四面体笼架结构构成的团簇在略微"自由"的水中漂游的一种混合体；团簇本身并非固定不变，它不断形成又不断破坏，具有"闪动性"；非团簇状态的水分子，其氢键已断裂，分子间仅有分子缔合作用，作用较弱（见图 2-10）。由于水分子的强极性结构特点，导致了与浮选有关的主要性质，即具有很高的介电常数和溶解能力以及很强的水分子间缔合作用，这最终决定了浮选相界面某些作用的重要性质。

2.1.2.2 水分子与矿物表面的作用

矿物破碎后，其断裂面上具有不饱和键，如果将断裂面置于水中，则矿物表面的不饱和键会与水偶极子发生作用，得到部分补偿。矿物由于其化学组成与晶体结构不同，其断裂面上希望得到补偿的不饱和键特性不同，因此矿物表面的极性也有差别。水分子则会根据矿物表面的极性不同在其表面进行不同形式的定向排列，形成不同性质的水化层或水化膜，使其矿物表面的自由能发生变化。

矿物断裂面上不饱和程度高时，水分子易与其作用并形成水化层，同时取代原先表面上的空气，并且作用后的固-水界面能小于作用前的固-气界面能，因而属于自发过程；而不饱和程度低的表面则相反，水分子不易与其作用，作用前后表面自由能增加，所以水难以自发取代原先矿物表面的空气形成水化层。水分子与矿物表面的作用会阻碍矿物与气泡的接触过程与稳定状态。

2.1.2.3 水的溶解能力

水的溶解能力在浮选过程中具有相当重要的作用。由于水能使矿物表面的一些离子溶解，从而改变矿物表面的化学组成、界面电性及液相的化学组成，因此也会影响矿物在浮选过程中的行为。

对矿物来说，当水化能高于其晶格能时，矿物即发生溶解，一直进行到被溶解离子在固-液界面化学位相等时为止。除盐类和氧化程度较高的矿物外，多数矿物的溶解度均不高。矿物的溶解度除受上述晶格能、水化能的影响之外，还受矿物颗粒和水中溶解的其他化学元素的影响。当水中含有矿物组成的同名离子时，水对矿物的溶解能力降低；而含有其他离子时，可以提高水对矿物的溶解能力。

矿物溶解会使矿浆中含有多种离子，这些所谓的"难免离子"是影响浮选的重要因素之一。虽然大部分矿物的溶解度不大，但进入矿浆中的矿物量还是不容忽略的，如换算成每吨矿石的克数，则完全可以与常规使用的浮选药剂加入量相比拟。水对大多数盐类矿物的溶解过程比较复杂，溶解出的离子还会发生一系列水解和形成配合物等反应，因而在水中会出现大量相对复杂的离子、分子、配合物，从而影响浮选过程。所以在浮选时应尤其注意水对这些矿物的溶解作用以及溶出离子对浮选过程的影响。

2.1.3 气相的结构和性质

界面分选过程中，空气所形成的气泡是一种选择性的运载工具。矿浆中某些颗粒能够黏附到气泡上浮出，其余则不能黏附到气泡上而留在矿浆中，从而实现分离。气泡还可以由于压力降低从溶液中析出，并优先地吸附到矿物的疏水表面上，促进矿粒与大气泡的黏附。气相在溶液中必须形成足够数量的气泡，保证上浮矿物有足够的气泡表面积供其黏附。气泡的粒径应与浮选矿物的粒径相适应，并有一定数量的空气溶解后析出的微泡，才能保证较好的浮选效果。浮选中的气相主要是空气，空气主要是由氧气、氮气、二氧化碳等组成的混合物。空气中不同成分在水中溶解度不同，因而与矿物和水的作用也不相同，对分选有不同影响。

空气是一种典型的非极性物质，具有对称结构，易与非极性矿物表面结合，分选时可优先与矿物的非极性疏水表面附着。

空气中的氧对硫化矿来说是一种浮选促进剂。研究表明，不含杂质、未经氧化作用的硫化矿表面具有亲水性，不能直接进行浮选。氧在硫化矿表面吸附后，可使矿物表面水化作用减弱，使黄药类阴离子捕收剂更容易在矿物表面吸附和固着。矿浆中同时存在黄药阴离子和氧时，首先会吸附氧，然后再吸附黄药阴离子。接触角测定表明，氧气能增加矿物表面的接触角，而氮气和二氧化碳没有这种作用。对硫化矿及非硫化矿的接触角进行的测定表明相同结果，这说明氧的存在对浮选有利，特别是用黄药类捕收剂浮选硫化矿时更是如此。因此分离许多非硫化矿时，可利用氧作为活化剂、氮作为抑制剂，利用改变矿浆中氧与氮的比例促进矿物分离。

空气中各种成分在矿浆中的溶解度是不同的。各组分的溶解度与该组分的分压、温度、水中溶解的其他物质浓度有关：空气在水中的溶解度随水中其他物质浓度增加而降低，随分压增大而增加。某些浮选机就是利用了这一特点，如喷射式浮选机就是将含有大量气体的矿浆加压，然后从喷嘴喷出时随矿浆压力降低，利用已溶解的气体呈过饱和状态而析出时产生的微泡来强化浮选效果。

2.2　相界面性质与可浮性

2.2.1　矿物表面的润湿性与可浮性

在矿物界面分选过程中，矿物表面的润湿性是指矿物表面与水相互作用这一界面现象的强弱程度，是矿物颗粒可浮性好坏的最直观标志。亲水性物质容易被水润湿，润湿性强；疏水性物质不易被水润湿，润湿性差。

2.2.1.1　润湿过程

最常见的润湿现象是一种液体从固体表面置换空气。图 2-11 是水滴和气泡在润湿性不同的固体表面的铺展情况，图中固体的上表面是空气中的水滴在固体表面的铺展形式，从左至右随着固体亲水程度的减弱，水滴越来越难以铺展开，而呈球形；图中固体的下表面是水中的气泡在固体表面附着的情况，气泡的状态正好与水滴的形状相反，则从右至左随着固体表面亲水性的增强，气泡变为球形。

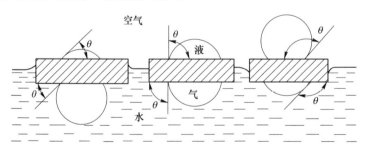

图 2-11　固体表面的润湿现象

润湿作用涉及气-液-固三相，且其中至少有两相是流体。一般来说，为了占有固体表面，在气相与液相之间存在着一种竞争，润湿过程是液体取代固体表面上气体的过程。至于能否取代，则由各种固体表面的润湿性来决定。矿物界面分选就是依据各种矿物表面润湿性的差异进行的。

2.2.1.2 润湿性的度量

矿物表面润湿性可用接触角、润湿功和黏附功度量。

A 接触角

在实践中，通常用接触角来度量矿物表面的润湿性强弱。当气泡在平整洁净的矿物表面附着（或水滴附着于矿物表面）时，一般认为其接触处是三相接触，并将这条接触线称为"三相润湿周边"。在接触过程中，润湿周边是可以移动的，或者变大，或者缩小。当变化停止时，表明该周边的三相界面的自由能（以界面张力表示）已达到平衡，在此条件下，在润湿周边上任意一点处，液-气界面的切线与固-液界面切线之间的夹角称为平衡接触角，简称接触角，如图 2-12 所示，用 θ 表示。

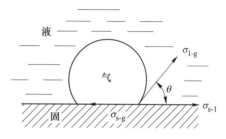

图 2-12　固体表面与气泡接触平衡示意图

θ 越大，说明矿物表面疏水性越强；θ 越小，则矿物表面亲水性越强。当 $\theta > 90°$ 时，矿物表面不易被水润湿，称为疏水表面；当 $\theta < 90°$ 时，矿物表面易被水润湿，称为亲水表面。原则上，取 $\theta = 90°$ 为分界线，$\theta = 0° \sim 90°$ 时称为亲水性表面，$\theta = 90° \sim 180°$ 时称为疏水性表面。实际上，固-液-气三相系统中最大接触角均小于 $110°$。据测定，石蜡所具有的接触角最大，为 $106°$。表 2-4 列出了几种常见矿物的接触角。

表 2-4　几种矿物的接触角测定

矿物名称	自然硫	滑石	辉钼矿	方铅矿	萤石	黄铁矿	重晶石	方解石	石英	云母
$\theta/(°)$	78	64	60	47	41	30	30	20	0~4	0

根据图 2-12，当固-液-气三相界面张力平衡时，有如下关系式：

$$\sigma_{s\text{-}g} = \sigma_{s\text{-}l} + \sigma_{l\text{-}g}\cos\theta \tag{2-1}$$

式（2-1）是著名的杨氏（Yong）方程式，由此解出：

$$\cos\theta = \frac{\sigma_{s\text{-}g} - \sigma_{s\text{-}l}}{\sigma_{l\text{-}g}} \tag{2-2}$$

式（2-1）是润湿的基本方程，亦称为润湿方程，表明平衡接触角 θ 是三相界面自由能（表面张力）的函数，不仅与矿物表面性质有关，也与气-液界面的性质有关。$\cos\theta$ 称为矿物表面的"润湿性"，通过测定接触角，可以对矿物的润湿性和可浮性作出大致评价。显然，亲水性矿物的接触角小，比较难浮；而疏水性矿物的接触角大，比较易浮。

B 黏附功与润湿功

矿物界面分选涉及的基本现象是矿物颗粒黏着在气泡上并被携带上浮，在分选过程中，矿物颗粒与气泡不断接触，当两者之间发生黏着时，可用黏附功 W_{s-l} 来衡量它们黏着的牢固程度，当然也可以用体系自由能的减少量 ΔG 来衡量黏着的牢固程度，且 $W_{s-l} = -\Delta G$。颗粒与气泡之间发生黏着前后的情况如图 2-13 所示。

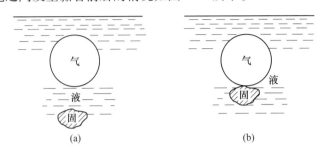

图 2-13　颗粒与气泡黏着前后的状态

（a）黏着前；（b）黏着后

若将体系看作是一个等温、等压体系，颗粒与气泡黏着前体系的自由能记为 G_1，则有：

$$G_1 = S_{s-l}\sigma_{s-l} + S_{l-g}\sigma_{l-g} \tag{2-3}$$

式中　S_{s-l}——颗粒在水中的表面积；

　　　S_{l-g}——气泡在水中的表面积；

　　　σ_{s-l}——固-液界面上的表面张力；

　　　σ_{l-g}——液-气界面上的表面张力。

颗粒与气泡黏着后，假定黏着后气泡仍保持球形不变，颗粒与气泡黏着后的体系自由能记为 G_2，则有：

$$G_2 = (S_{l-g} - \sigma_{s-g})\sigma_{l-g} + (S_{s-l} - \sigma_{s-g})\sigma_{s-l} + S_{s-g}\sigma_{s-g} \tag{2-4}$$

黏着前后，体系的自由能变化量 ΔG 为：

$$\Delta G = G_2 - G_1 = S_{s-g}\sigma_{s-g} - (S_{s-g}\sigma_{l-g} + S_{s-g}\sigma_{s-l}) \tag{2-5}$$

式（2-5）中的 σ_{s-l} 和 σ_{s-g} 目前尚不能直接测定，为此将式（2-2）代入式（2-5）并整理得到单位面积黏着时体系的自由能变化为：

$$\Delta G = \frac{G_2 - G_1}{S_{s-g}} = -\sigma_{l-g}(1 - \cos\theta) \tag{2-6}$$

ΔG 表征颗粒与气泡黏着的牢固程度，故常将 $(1-\cos\theta)$ 称为可浮性，表明自由能变化与平衡接触角的关系。式（2-6）中 σ_{l-g} 的数值与液体的表面张力相同（水的表面张力为 0.072N/m），可以通过试验测定，于是 ΔG 可以通过计算求出。

$$W_{s-l} = -\Delta G = \sigma_{l-g}(1 - \cos\theta) \tag{2-7}$$

W_{s-l} 表示水在矿物表面黏附润湿过程中，体系对外所能做的最大功，亦称为润湿功。润湿功亦可定义为：将固-液接触自交界处拉开所需做的最小功。

$\cos\theta$ 越大，则固-液界面结合越牢，矿物表面亲水性越强。因此矿物界面分选中常将 $\cos\theta$ 称为"润湿性"，而将 $1-\cos\theta$ 称为可浮性。

当矿物颗粒完全亲水时，$\theta = 0°$，润湿性（$\cos\theta$）为 1，可浮性（$1-\cos\theta$）为 0。此时颗粒不会黏着在气泡上而上浮，因为自由能不变化，黏附功为 0。

当颗粒疏水性增加时，接触角增大，润湿性（$\cos\theta$）减小，则可浮性（$1-\cos\theta$）增大，此时 ΔG 减小，体系自由能降低。根据热力学第二定律，该过程具有自发进行的趋势，因此，越是疏水的固体颗粒，自发地黏着于气泡而上浮的趋势就越大。疏水性颗粒能黏着于气泡，而亲水性颗粒不能黏着于气泡，因而可以将它们分开，这就是浮选的基本原理。

2.2.1.3 矿物表面的水化层

从宏观的接触角深入到矿物固体与水溶液界面的微观润湿性可以推知，润湿是水分子对矿物表面的吸附形成的水化作用。水化作用的结果，使有极性的水分子在有极性的矿物表面产生吸附，并呈现定向、密集、有序排列，形成水化层或水化膜。

矿物表面水化作用发生的程度，主要取决于矿物表面不饱和键的性质和质点极性的强弱。图 2-14 表示的是疏水性矿物表面和亲水性矿物表面的水化层，以及浮选药剂（捕收剂）对固体表面水化作用的影响。水化层的厚度与矿物表面的润湿性成正比，某些疏水性矿物如石墨、自然硫、辉钼矿等，其表面主要呈现不饱和的弱分子键力，所以水化作用较弱，如图 2-14（a）所示，水化层厚度仅为 $1\times10^{-6}\sim1\times10^{-5}$mm；而亲水性矿物（如石英、刚玉等）表面呈现不饱和的强键（如离子键和共价键），所以具有强的水化作用，如图 2-14（b）所示，水化层厚度可以达 1×10^{-2}mm；固体表面经捕收剂处理后，表面不饱和键力将得到较大程度地补偿，同时由于异极性捕收剂的非极性端或非极性捕收剂分子的作用，使固体表面疏水性增强，这时固体表面的水化作用将显著减弱，如图 2-14（c）和图 2-14（d）所示。

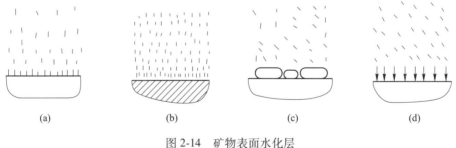

图 2-14　矿物表面水化层

水化层具有扩散的结构，由于受矿物表面键能作用，它的黏度比普通水的大，具有同固体相似的弹性，所以水化层虽然外观是液相，但其性质却近似固相。在界面分选过程中，矿物颗粒与气泡互相接近时，先驱除位于两者夹缝间的普通水。由于普通水的分子是无序而自由排列的，所以易被挤走。当颗粒向气泡进一步接近时，颗粒表面的水化层受气泡的挤压而变薄。水化层变薄过程中的自由能变化与表面的水化性有关，见图 2-15。矿物表面水化性强（亲水性表面）时，随着气泡向矿物颗粒接近，水化层的表面自由能增加。

图 2-15 中的曲线 1 表明，当颗粒与气泡之间的距离越来越小时，自由能不断升高。所以除非有外加的能量，否则水化层不会变薄。水化层的厚度与自由能的变化表明，表面亲水的固体不容易与气泡接触进而发生黏着。图 2-15 中的曲线 2 所示的中等水化性表面，是浮选过程经常遇到的情况。弱水化性表面或疏水性表面的情况如图 2-15 中的曲线 3 所示。疏水性表面的水化层比较脆弱，有部分自发破裂，此时自由能降低。但很接近表面的一层水化层却是很难排除的，图 2-15 中曲线 3 在左侧急剧上升恰好说明了这一点。界面分选过

程中常遇到的矿物颗粒往往是中间状态，即图 2-15 中曲线 2 所示的情况，这时颗粒向气泡黏着的过程可细分为图 2-16 所示的（a）（b）（c）（d）四个阶段。

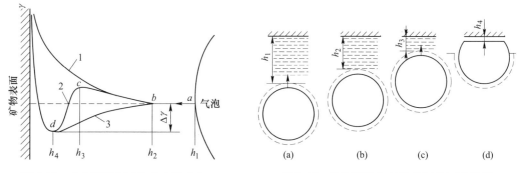

图 2-15　水化膜的厚度与自由能变化　　　　图 2-16　矿物颗粒与气泡接触的四个阶段
1—强水化性表面；2—中等水化性表面；3—弱水化性表面

（a）阶段为颗粒与气泡互相接近的过程。这是由浮选机的充气搅拌、矿浆运动、表面间引力等因素综合造成的。颗粒与气泡互相接触的机会，与搅拌强度、颗粒和气泡的尺寸等相关。颗粒与气泡的相对位置如图 2-16（a）所示，两者之间的距离为 h_1，此时自由能变化不多。

（b）阶段是颗粒与气泡的水化层接触的过程。此时颗粒与气泡间的距离变为 h_2，由于水化层的水分子是在表面键能的作用力场范围内，故水分子的电偶极子是定向排列的，与普通水分子的无序排列不同。因此，要排开水化层中的水分子，需要外界对体系做功，借以克服图 2-15 中 b 到 c 的能峰。

（c）阶段是水化层的变薄和破裂过程。水化层受外力的作用变薄到一定程度，成为水化膜（见图 2-15 中的 c 点），颗粒与气泡之间的距离为 h_3。此后，沿曲线 2 由 c 到 d，此时水化膜表现出不稳定性，自由能降低，水化膜厚度自发变薄，颗粒与气泡自发靠近。

最后是（d）阶段，颗粒与气泡接触。接触发生后，如为疏水性颗粒表面，接触周边可能会扩展。

根据一些研究，在颗粒与气泡的接触面上，可能有"残余水化膜"，其特性已近于固体，要除去此膜，需要很大的外加能量。如果有残余水化膜存在，则颗粒与气泡只是两相接触，即只有固-液、液-气两种界面，则前述式（2-1）中的 $\sigma_{s\text{-}g}$ 项未出现。假定残余水化膜的性质与普通液体有差别，为区别起见记为 l'，于是两相接触的平衡式应写成：

$$\sigma_{s\text{-}l'} + \sigma_{l'\text{-}g} = \sigma_{s\text{-}l} + \sigma_{l\text{-}g}\cos\theta \tag{2-8}$$

式中，$\sigma_{s\text{-}l'}$ 为固体与残余水化膜界面间的自由能（表面张力）；$\sigma_{l'\text{-}g}$ 为残余水化膜与气相间的界面自由能（表面张力）。应该指出，因针对水化膜的性质开展的研究工作还很不充分，目前尚不能利用式（2-8）进行定量计算。

2.2.1.4　接触角的测量方法

目前接触角的测量方法有许多，但大致可以分为两种类型，即直接测量法和间接测量法。直接测量法是直接测量液滴（或气泡）接触角图像的几何参数，如躺滴法（气泡法）、水平液体表面法等。间接测量法是测量与接触角相关的物理量，如表面张力、液面高度，然后根据相应公式计算得到接触角的大小，如吊片法、Washburn 渗透法等。由于矿物表面的不均匀和污染等，要准确测定接触角比较困难，再加上润湿阻滞效应的影响，很难达到平衡接触角，一般采用测量接触前角和后角，再取平均值的方法来确定矿物接触角。

躺滴法（气泡法）：躺滴法是接触角测定最常用的方法，接触角可通过照相，在目镜上装一量角器直接测量 θ；或测量滴高 h 和液滴与固体表面接触角的直径 d，然后根据式（2-9）计算得到接触角 θ，如图 2-17 所示。此法的优点是样品用量少、仪器简单、测量方便，准确度一般在 ±1° 左右。对于躺滴法，可用增减液滴体积的方式，增加液滴体积时测出的是前进角，减少液滴体积时测出的是后退角。

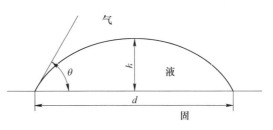

图 2-17 躺滴法测量接触角示意图

$$\tan\frac{\theta}{2} = \frac{2h}{d} \tag{2-9}$$

水平液体表面法：（1）斜板法，调节固体表面的倾斜角，使在固-液-气三相得到一液体水平面，固体表面相对于液体水平面的倾斜角即为接触角，如图 2-18 所示。降低或升高板的高度，即可得到前进角和后退角。（2）圆柱法，将水平圆柱部分浸入液体中，调节圆柱体浸入深度，使固-液-气三相接触处液体表面无弯月面，如图 2-19 所示。在此条件下，接触角可通过式（2-10）计算得到，根据圆柱体旋转的方向可决定前进角和后退角。如果改变圆柱体的旋转速度，此法还可以用来测定动态的前进角和后退角。

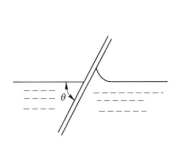

图 2-18 斜板法测量接触角示意图

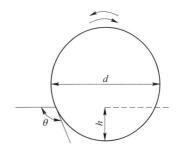

图 2-19 圆柱法测量接触角示意图

$$\cos\theta = \frac{2h}{d} - 1 \tag{2-10}$$

吊片法：吊片法是测量液体表面张力的一种方法，此方法需要求吊片能为液体很好润湿，以保证 $\theta=0°$，$\cos\theta=1$。如果接触角大于零，则可利用下式计算接触角数值：

$$W = P\gamma_{LG}\cos\theta - V\rho g \tag{2-11}$$

式中，W 为吊片所受力；P 为吊片浸没液体中的表面积；V 为吊片浸没液体中的体积；γ_{LG} 和 ρ 分别为待测液体的表面张力和密度；θ 为接触角。改变吊片插入液面下的深度可测定 W，以 W 对吊片插入液面下的深度作图，外推到深度为零时可得：

$$W = P\gamma_{LG}\cos\theta \tag{2-12}$$

若液体表面张力已知，则可计算 θ。在吊片下降时测定吊片所受之力，则测得的接触角为前进角，反之为后退角。

Washburn 渗透法：该方法利用液体在由粉体所形成的毛细管的上升高度与时间之间的关系来进行测定，如图 2-20 所示。称取一定量粉末（样品）装入下端用微孔隔膜封闭的玻璃管内，并充实到某一固定刻度，然后将测量管垂直放置，使下端与液体接触，记录不同时间 t 时液体润湿粉末的高度 h，就可计算得到接触角。

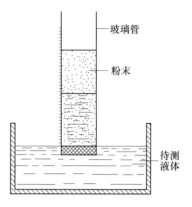

图 2-20 Washburn 渗透法测量接触角示意图

2.2.2 矿物表面的电性与可浮性

固体在水溶液中受水偶极子及溶质的作用，表面会带一种电荷。颗粒表面电荷的存在将影响溶液中离子的分布，带相反电荷的离子被吸引到表面附近，带相同电荷的离子则被排斥到离表面较远的地方，从而在固-液界面附近产生电位差，但整个体系仍呈电中性。这种在界面两边分布的异号电荷的两层体系称为双电层。理论研究和浮选生产实践都表明，在某些情况下，颗粒表面电荷的符号（正、负）及数值大小，对其可浮性具有决定性影响，所以研究固-液界面的电现象，在浮选理论研究中有着非常重要的意义。

2.2.2.1 固液界面荷电的起因

在水溶液中颗粒表面荷电的原因主要有以下几方面。

A 固体表面组分的选择性解离或溶解

离子型物料在水介质中细磨时，由于新断裂表面上的正、负离子的表面结合能及受水偶极子的作用力（水化）不同，会发生非等物质的量的转移，有的离子会从颗粒表面选择性地优先解离或溶解而进入液相，结果使表面荷电。若阳离子的溶解能力比阴离子的大，则固体颗粒表面荷负电；反之，颗粒表面则荷正电。阴、阳离子的溶解能力差别越大，颗粒表面荷电就越多。

颗粒表面离子的水化自由能 ΔG_h，可由离子的表面结合能 ΔU_s 和气态离子的水化自由能 ΔF_h 来计算，即对于阳离子 Me^+ 有：

$$\Delta G_h(Me^+) = \Delta U_s(Me^+) + \Delta F_h(Me^+)$$

对于阴离子 X^- 则有：

$$\Delta G_h(X^-) = \Delta U_s(X^-) + \Delta F_h(X^-)$$

离子的水化自由能 ΔG_h 的值越小，表明相应离子的水化程度越高，该离子将优先进入水溶液，致使颗粒表面因残留有带相反电荷的离子而呈现荷电状态。

对于颗粒表面上阳离子和阴离子呈相等分布的离子型物料，如果阴、阳离子的表面结合能相等，则其表面电荷的符号取决于气态离子的水化自由能的大小。例如，碘银矿（AgI），气态 Ag^+ 的水化自由能为 $-441kJ/mol$，气态 I^- 的水化自由能为 $-279kJ/mol$，因此 Ag^+ 优先进入水中，所以在水中碘银矿的表面荷负电；相反，钾盐矿（KCl），气态 K^+ 的水化自由能为 $-298kJ/mol$，Cl^- 的水化自由能为 $-347kJ/mol$，因而 Cl^- 将优先溶入水中，所以在水中钾盐矿的表面荷正电。

对组成和结构复杂的离子型物料，表面荷电将决定于表面离子水化作用的全部能量。例如，萤石（CaF_2），已知：$\Delta U_s(Ca^{2+}) = 6117kJ/mol$，$\Delta F_h(Ca^{2+}) = -1515kJ/mol$，$\Delta U_s(F^-) = 2573kJ/mol$，$\Delta F_h(F^-) = -460kJ/mol$。所以有：

$$\Delta G_h(Ca^{2+}) = -1515kJ/mol + 6117kJ/mol = 4602kJ/mol$$

$$\Delta G_h(F^-) = -460kJ/mol + 2573kJ/mol = 2113kJ/mol$$

这表明萤石表面的 F^- 的水化自由能比 Ca^{2+} 的小，它比 Ca^{2+} 更容易溶入水中，因此萤石表面过剩的 Ca^{2+} 使其荷正电，构成了萤石表面荷正电的定位离子层；而进入水中的 F^- 又受萤石颗粒表面正电荷的吸引，分布在靠近颗粒表面的溶液中，于是构成了 F^- 配衡离子层，如图 2-21 所示。

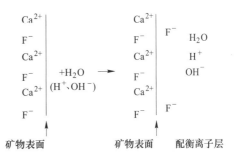

图 2-21　萤石表面的荷电起因及配衡离子层的形成

又如重晶石（$BaSO_4$）、铅矾（$PbSO_4$）等，其颗粒表面的阴离子优先进入水中，使得它们的颗粒表面因阳离子过剩而呈现荷正电状态；然而，白钨矿（$CaWO_4$）、黑钨矿（$(Fe，Mn)WO_4$）、方铅矿（PbS）的表面，因阳离子优先溶于水中，常有过剩的 WO_4^{2-} 或 S^{2-}，构成荷负电的定位离子层，而溶于水的阳离子，受到固体颗粒表面的负电荷吸引，在颗粒表面附近构成荷正电的配衡离子层。

B　固体颗粒表面对溶液中阴、阳离子的不等量吸附

颗粒表面对水溶液中阴、阳离子的吸附往往也是非等量的，当带某种电荷的离子在颗粒表面吸附偏多时，即可引起颗粒表面荷电。可见，固-液界面的荷电状态与溶液中的离子组成密切相关。例如白钨矿，在自然饱和溶液中，因表面的钨酸根离子（WO_4^{2-}）较多而呈现荷负电状态。如向溶液中添加 Ca^{2+}，因白钨矿颗粒表面会吸附有较多的 Ca^{2+}，而导致其表面呈现荷正电状态。又如用碳酸钠与氯化钙人工制备碳酸钙时，合成产物的表面荷电状态会因制备条件的不同而异。若在制备过程中添加过量的碳酸钠，则产物 $CaCO_3$ 的表面因吸附有较多的 CO_3^{2-}，而呈现荷负电状态（动电位 ζ 为 -53mV）；如添加过量的氯化钙，则产物 $CaCO_3$ 的表面因吸附有较多的 Ca^{2+}，而呈现荷正电状态（动电位 ζ 为 +32mV）。

固体表面吸附离子的原因，可以认为是带有电价性的残余价键力所致。但在许多情况下，某种离子也会优先在中性表面吸附，这是由于范德华力的作用，并称为特性吸附，它与离子的极化力和颗粒表面原子的极化度（极化变形性）有关。特性吸附及在中性不荷电的固体表面形成双电层，其重要意义在于它能较圆满地解释颗粒表面电荷的变化，以及出现热力学电位和动电电位符号不同等现象。

C　颗粒表面生成两性羟基化合物的电离和吸引 H^+ 或 OH^-

这种荷电原因的典型实例是矿浆中某些难溶极性氧化物（如石英等），经破碎、磨碎后与水作用，在界面上生成含羟基的两性化合物，这时固体表面的电性是由两性化合物的电离和吸附 H^+ 或 OH^- 引起的。石英表面的荷电机埋为石英在破碎、磨碎过程中，因晶体内无脆弱交界面层，所以必须沿着 Si—O 键断裂，即

$$—O \diagdown \underset{O}{Si} \diagup O \diagdown \underset{O}{Si} \diagup Si \diagdown O \quad \xrightarrow{\text{断裂}} \quad O \diagdown \underset{O^-}{Si} \diagup O^- \quad + \quad \overset{+}{Si} \diagdown \underset{\overset{+}{Si}}{} O$$

这表明，经过破碎、磨碎后的石英分别带有负电荷和正电荷。由于磨碎是在水介质中进行的，带负电荷的石英颗粒表面将吸引水中的 H^+，而带正电荷的表面则吸引水中的 OH^-（H^+ 和 OH^- 均为石英的定位离子）。在水溶液中，石英表面生成类似硅酸的表面化合物（$H_2Si_xO_y$）。其化学反应式可表示为：

$$Si \diagdown \underset{O^-}{} O^- \; + \; 2H^+ \quad \xrightarrow{\text{形成硅酸}} \quad Si \diagdown \underset{OH}{} OH \quad \xrightarrow[\text{电离}]{\text{部分}} \quad Si \diagdown \underset{O^-}{} O^- \; + \; 2H^+$$

$$O \diagdown \underset{Si^+}{Si^+} \; + \; 2OH^- \quad \xrightarrow{\text{形成硅酸}} \quad O \diagdown \underset{Si—OH}{Si—OH} \quad \xrightarrow[\text{电离}]{\text{部分}} \quad O \diagdown \underset{Si—O^-}{Si—O^-} \; + \; 2H^+$$

由于硅酸是一种弱酸，在水溶液中可部分电离成 $Si_xO_y^{2-}$ 或 $HSi_xO_y^-$ 和 H^+，其中 $Si_xO_y^{2-}$ 与矿物颗粒的内部原子联结牢固，因而保留在颗粒表面；而 H^+ 则转入溶液，使石英颗粒表面荷负电。由此可见，上述过程与体系的 pH 值有密切关系。处于石英颗粒表面的硅酸的电离程度将随着 pH 值的变化而变化，pH 值越高，电离越完全，石英表面负电荷的密度也越大。据测定，纯的石英在蒸馏水中，当 pH 值大于 3.7 时，石英表面荷负电，pH 值小于 2 时，石英表面荷正电。

其他氧化物矿物如刚玉（Al_2O_3）、赤铁矿（Fe_2O_3）、锡石（SnO_2）、金红石（TiO_2）等也有类似情况，改变体系的 pH 值都会引起这些矿物颗粒表面电荷符号的改变。氧化物矿物在水中先与水分子结合，在表面生成羟基基团（—Me—OH）。因羟基基团中金属阳离子的性质不同，向水中选择性地解离 H^+ 或 OH^- 的数量及条件也各异，用通式表示为：

$$Me^+ \diagdown \underset{O^-}{} \quad \xrightarrow{H_2O} \quad Me \diagdown \underset{OH}{OH} \quad \begin{array}{c} \xrightarrow{2H^+} \quad Me \diagdown \underset{OH_2^+}{OH_2^+} \\[2mm] \xrightarrow{2OH^-} \quad Me \diagdown \underset{O^-}{O^-} \; + \; 2H_2O \end{array}$$

可见，在氧化物矿物表面可能存在 3 种表面组分（或显微区），即

中性组分 $Me \diagdown \underset{OH}{OH}$ 正电组分 $Me \diagdown \underset{OH_2^+}{OH_2^+}$ 负电组分 $Me \diagdown \underset{O^-}{O^-}$

随着氧化物矿物中金属离子的不同，在不同的 pH 值条件下，3 种组分的比例不同，从而决定了其颗粒表面的荷电状态。

D　晶格取代

黏土矿物、云母等是由铝氧八面体和硅氧四面体的层片状晶格构成的。在铝氧八面体

层片中，当 Al^{3+} 被低价的 Mg^{2+} 或 Ca^{2+} 取代时，或在硅氧四面体层片中 Si^{4+} 被 Al^{3+} 取代时，都会使晶格带负电。为了维持电中性，颗粒表面就会吸附某些阳离子（例如碱金属离子 Na^{+} 或 K^{+}）。将这类矿物置于水中时，碱金属阳离子因水化而从表面进入溶液，从而使颗粒表面荷负电。

2.2.2.2 双电层的结构

固体表面荷电以后，将吸引水溶液带相反电荷的离子，在固-液界面两侧形成双电层。在浮选过程中，固-液界面的双电层可用斯特恩（Stern）双电层模型表示（见图 2-22）。

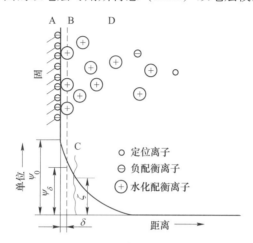

图 2-22　固体颗粒表面的双电层示意图

A—内层（定位离子层）；B—紧密层（Stern 层）；C—滑动层；D—扩散层（Guoy 层）；
ψ_0—表面总电位；ψ_δ—斯特恩层的电位；ζ—动电位；δ—紧密层的厚度

双电层结构理论将离子视为点电荷，且表面电荷为均匀分布。图 2-22 中的 A 层决定固体表面总电位（ψ_0）的大小和符号，称为定位离子层或双电层内层。在固、液两相间可以自由转移，并决定固相表面电荷（或电位）位于定位离子层内的离子称为定位离子。根据表面荷电的起因，氧化物矿物和硅酸盐矿物的定位离子是 H^{+} 和 OH^{-}；而离子型物料和硫化物矿物的定位离子则是组成其晶格的同名离子。

与固体表面相联系的一层溶液荷有相反符号的电荷，起电性平衡的作用，称为配衡离子层或反离子层或双电层外层，即图 2-22 中的 B 层及 D 层。在配衡离子层中，起电平衡作用的、带有相反符号电荷的离子称为配衡离子。

在正常的电解质浓度下，配衡离子因受定位离子静电引力的作用以及分子热运动的影响，在固-液界面附近呈扩散状分布，随着离开固-液界面距离的增大，配衡离子的浓度逐渐减小，直至为零。靠近固体表面的配衡离子，排列比较紧密，定向也较好，称为紧密层或斯特恩（Stern）层，即图 2-22 中的 B 层，其厚度约等于水化配衡离子的有效半径（δ）；紧密层外侧的配衡离子，排列比较松散，定向比较差，具有典型的扩散分布特点，称为扩散层或古依（Gouy）层，即图 2-22 中的 D 层。紧密层与扩散层的假想分界面称为紧密面或斯特恩层面，有的文献亦称为亥姆霍兹（Helmholtz）面。

2.2.2.3 双电层的电位

双电层电位包括表面电位、动电位、斯特恩电位。表面电位（ψ_0）是指荷电的固体表面与溶液内部总的电位差，也就是物理化学中的热力学电位或可逆电位。对于导体或半导体物质（如金属硫化物矿物），可将其制成电极测出其 ψ_0，所以表面电位又称为电极电位。表面电位与定位离子浓度（活度）之间的关系服从能斯特方程，即

$$\psi_0 = RT\ln(a_+ / a_+^0) / (nF) = RT\ln(a_- / a_-^0) / (nF) \tag{2-13}$$

式中　R——摩尔气体常数，$8.314\text{J}/(\text{mol} \cdot \text{K})$；

　　　T——绝对温度，K；

　　　n——定位离子价数；

　　　F——法拉第常数，96500C/mol；

a_+，a_-——正、负定位离子的活度，当溶液很稀时等于其浓度，mol/L；

a_+^0，a_-^0——表面电位为零时，正、负定位离子的活度，mol/L。

当固、液两相在外力（电场、机械力或重力）作用下发生相对运动时，紧密层中的配衡离子因牢固吸附在固体表面而随之一起移动，扩散层将与位于紧密层外面的滑动面（或滑移面）一起移动（见图 2-22）。此时，滑动面与溶液内部的电位差称为动电位 ζ。其值可以通过仪器直接测定。斯特恩电位 ψ_δ 是指紧密层面与溶液内部之间的电位差。

2.2.2.4　零电点和等电点

零电点是指当表面电位 $\psi_0 = 0$（或固体表面阴、阳离子的电荷相等，表面净电荷为零）时，溶液中定位离子活度的负对数值，用下角标符号 PZC（point of zero charge）表示。如果已知物料的零电点，可根据能斯特方程求出在其他定位离子活度条件下的表面电位 ψ_0。对于氧化物矿物和硅酸盐矿物（石英、刚玉、锡石、赤铁矿、软锰矿、金红石等），H^+ 和 OH^- 是定位离子，所以当表面电位 $\psi_0 = 0$ 时，溶液的 pH 值即为这些矿物的零电点，常记为 pH_0（或 pH_{PZC}）。按照能斯特方程，在 25℃时，代入各常数的具体数值得：

$$\psi_0 = 2.303 \times 8.314 \times 298\ln[c(H^+)/c(H_0^+)]/(1 \times 96500) = 0.059(pH_{PZC} - pH)$$

对于石英，已知其 $pH_{PZC} = 1.8$，当 $pH = 1.0$ 和 $pH = 7.0$ 时，可计算出石英的表面电位分别为 47mV 和 −305mV。这表明，当 pH 大于石英的 pH_{PZC} 时，ψ_0 小于 0，石英表面荷负电；当 pH 小于石英的 pH_{PZC} 时，ψ_0 大于 0，石英表面荷正电。

对于离子型物料，如白钨矿、重晶石、萤石、碘化银、辉银矿等，一般认为定位离子就是组成晶格的同名离子，因此，计算 ψ_0 可用下式：

$$\psi_0 = 0.059(pM_{PZC} - pM) \tag{2-14}$$

式中，pM_{PZC} 为以定位离子活度的负对数值表示的零电点，例如经测定重晶石的 $pBa_{PZC} = 7$，即当 $a(Ba^{2+}) = 10^{-7}$ 时，其表面电位为零；pM 为定位离子活度的负对数。一些矿物的零电点列于表 2-5 中。

表 2-5　一些矿物的零电点

氧化物矿物和硅酸盐矿物		离子型矿物	
矿物	零电点	矿物	零电点
锡石（SnO_2）	pH: 3.0, 3.9, 4.5, 5.4, 6.5	重晶石（$BaSO_4$）	pBa: 3.9~7.0
金红石（TiO_2）	pH: 5.8~6.7	萤石（CaF_2）	pCa: 2.6~7.7
赤铁矿（Fe_2O_3）	pH: 4.8~6.7, 8.7	白钨矿（$CaWO_4$）	pCa: 4.0~4.8

续表 2-5

氧化物矿物和硅酸盐矿物		离子型矿物	
矿物	零电点	矿物	零电点
磁铁矿（Fe_3O_4）	pH: 6.5	角银矿（AgCl）	pAg: 4.1~4.6
刚玉（Al_2O_3）	pH: 3.0, 6.6, 8.4, 9.1	碘银矿（AgI）	pAg: 5.1~6.2
软锰矿（MnO_2）	pH: 5.6, 7.4	辉银矿（Ag_2S）	pAg: 10.2
石英（SiO_2）	pH: 1.2, 1.8, 3.0, 3.7		

注：不同的数据是不同的研究者用不同的样品、不同设备及测定方法所得的结果。

等电点是指颗粒表面定位离子的电荷与滑移面内配衡离子的电荷相等，滑移面上的动电位 $\zeta = 0$（即双电层内处于等电状态）时，溶液中电解质浓度的负对数值，记为 PZR（point of zeta reversal）。

如果双电层内配衡离子与颗粒表面定位离子之间只有静电作用力，而不存在其他特殊附加作用力（诸如化学键力、烃链缔合力等），即在没有特性吸附的情况下，如果表面电位（ψ_0）等于零，则动电位（ζ）亦等于零，所以这时所测得的等电点（PZR）亦为零电点（PZC）。由此可见，在无特性吸附的情况下，可以用测定动电位的方法测定物料的零电点 PZC。然而，当存在特性吸附时，PZC≠PZR，此时零电点可视为"定值"，而等电点则随所加电解质的性质以及浓度等的变化而变化。

根据离子在双电层内吸附位置的不同，可将离子在双电层内的吸附分为双电层内层吸附和双电层外层吸附。

双电层内层吸附是指溶液中的晶格同名离子、类质同象离子或氧化物矿物和硅酸盐矿物的定位离子（如 H^+ 和 OH^-）吸附在双电层的内层，引起颗粒表面电位的变化（改变数值或符号），因此又称为定位离子吸附，其基本特点是呈现单层化学吸附，不发生离子交换。双电层外层吸附是指溶液中的配衡离子吸附在双电层的外层，吸附的结果只改变动电位的数值，而不改变动电位的符号。由于这种吸附主要是靠静电力的作用，所以与固体表面电荷符号相反的离子均能产生这种吸附，且离子价数越高、半径越小、吸附能力就越强；与此同时，原吸附的配衡离子亦可被溶液中的其他配衡离子所交换，故这种吸附又常称为二次交换吸附。由于待分选的固体物料的性质多种多样、浮选药剂的种类也比较繁多，所以分析浮选药剂在颗粒表面的吸附时，必须同时考虑溶质、溶剂以及吸附剂三者之间的复杂关系，还要注意外界条件的变化（如温度、矿浆 pH 值等）。

2.2.2.5 颗粒表面的电性与可浮性

浮选药剂在固-液界面上的吸附，常受颗粒表面电性的影响。因此，研究表面电性的变化，是研究浮选药剂作用机理和判断物料可浮性的一种重要方法。例如，在不同 pH 值条件下，测定出针铁矿的动电位变化，同时用不同的捕收剂进行浮选试验，其结果如图 2-23 所示。

图 2-23 中的曲线表明，针铁矿的零电点为 pH＝6.7。当 pH＜6.7 时，针铁矿的表面荷正电，用阴离子捕收剂十二烷基硫酸钠能很好地对其进行浮选；当 pH＞6.7 时，针铁矿表面荷负电，用阳离子捕收剂十二胺对其进行浮选，可获得比较好的浮选结果。

对针铁矿和石英的人工混合矿样进行的浮选分离试验结果如图 2-24 所示，图 2-24 中的选择系数是指在疏水性产物中针铁矿和石英的回收率之差。

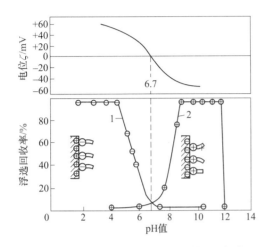
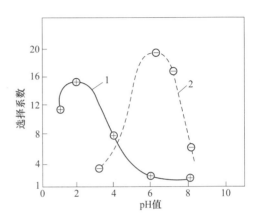

图 2-23   针铁矿的动电位与可浮性的关系   图 2-24   针铁矿与石英人工混合矿样的分选结果

1—用 RSO_4^- 作捕收剂；2—用 RNH_3^+ 作捕收剂   1—用 RSO_3Na 作捕收剂；2—用 RNH_3Cl 作捕收剂

从图 2-24 中可以看出，当 pH＝2 时，用阴离子捕收剂有最好的分选性；用阳离子捕收剂则在 pH＝6.4 左右有最好的分选性。在生产实践中，用十二醋酸胺浮选铁矿物时，最适宜的 pH 值为 6 左右，而用磺酸盐类捕收剂进行浮选时，pH 值一般为 3~4。

2.2.3   矿物表面的氧化、溶解与可浮性

矿物表面的氧化、溶解对矿物分选过程具有重要影响。界面分选中的气相主要是空气，其中的氧会与水中的金属（如铜、铅、锌、铁、镍等）硫化物矿物发生作用，也会对水中的药剂发生作用，并且矿浆中氧的含量能够调整和控制浮选过程、改善或恶化浮选分离指标。

2.2.3.1   矿物表面的氧化

硫化物矿物颗粒的表面受到空气中的氧、二氧化碳、水及水中的氧等作用，其表面将发生如下一些化学反应：

$$2MeS + O_2 + 4H^+ \longrightarrow 2Me^{2+} + 2S + 2H_2O$$
$$2MeS + 3O_2 + 4H_2O \longrightarrow 2Me(OH)_2 + 2H_2SO_3$$
$$MeS + 2O_2 + 2H_2O \longrightarrow Me(OH)_2 + H_2SO_4$$
$$2MeS + 2O_2 + 2H^+ \longrightarrow 2Me^{2+} + S_2O_3^{2-} + H_2O$$

反应式中的 Me 代表金属元素。研究表明，氧与硫化物矿物的相互作用过程是分阶段进行的。第 1 阶段，氧适量地吸附在矿物表面，此时硫化物矿物表面仍保持疏水性；第 2 阶段，氧在硫化物矿物晶格的电子之间发生离子化；第 3 阶段，离子化的氧发生化学吸附，并进而使硫化物矿物表面发生氧化，生成各种硫酸盐。硫化物矿物的可浮性明显受氧化程度的影响，在一定限度内，矿物的可浮性随氧化而变好。但过分氧化，则会起抑制作用。

磁黄铁矿颗粒表面发生自然氧化时，在室温中形成元素硫，此时其可浮性较好，当溶

出 Fe^{2+} 和 $FeO(OH)$ 或有微细颗粒罩盖时，其可浮性较差。表示含铁硫化物矿物氧化过程的化学反应式比较多，其中最可能的反应式为：

$$Fe_{11}S_{12} + 22O_2 \longrightarrow 11FeSO_4 + S$$
$$4FeS_n + 2H_2O + 3O_2 \longrightarrow 4FeO(OH) + 4nS$$
$$FeS_n + (n+1)O_2 \longrightarrow FeSO_4 + (n-1)SO_2$$

当磁黄铁矿含硫超过计量时，可浮性变好。而含铁超过计量时，可浮性变差。铁含量高时，磁黄铁矿的磁性较强，所以磁性强的黄铁矿的可浮性通常要差一些。原因就是铁氧化生成了 $FeO(OH)$，在其表面形成亲水层而起到了抑制作用。

方铅矿在纯水中与黄药的作用不强，故其可浮性不好。微量氧的作用，可增强黄药在方铅矿表面的吸附，提高方铅矿的可浮性。其原因是，氧与方铅矿颗粒表面的硫离子相互作用，形成半氧化状态，生成一部分易于解离的 SO_4^{2-}，导致方铅矿表面附近的 Pb^{2+} 有不饱和的化学键能，与矿浆中的黄原酸阴离子 X^- 发生作用，从而使方铅矿表面疏水而上浮。图 2-25 是方铅矿的半氧化状态与可浮性的关系。

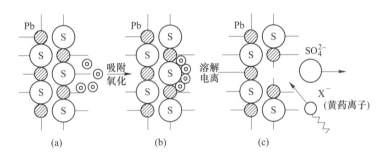

图 2-25　方铅矿的半氧化状态与可浮性
（a）亲水不易浮；（b）半氧化；（c）与黄药发生作用而疏水易浮

氧化会引起方铅矿表面电子状态的变化，在中性或弱碱性矿浆中，方铅矿表面可能因氧化而析出部分元素硫，有利于形成疏水性表面；但过分氧化，将会导致方铅矿的可浮性下降。这是因为过分氧化在方铅矿表面生成大量的 $PbSO_4$，由于 $PbSO_4$ 不稳定，容易溶解，从而降低捕收剂在方铅矿表面吸附的牢固程度，所以可浮性下降。

硫化物矿物浮选过程所需的溶解氧量因矿物的种类不同而异。试验研究结果表明，在中性条件下浮选时，矿物按需氧量的递增顺序为：方铅矿<黄铁矿<黄铜矿<磁黄铁矿<砷黄铁矿。受氧含量及其他药剂作用所控制的矿浆氧化还原电位 Eh，对上述氧化还原过程也会产生影响，从而影响浮选过程。

实践表明，充气搅拌的强弱与搅拌时间的长短，是浮选操作控制的重要因素之一。例如，短时间适量充气，对一般硫化物矿物的浮选有利；但长时间过分充气，会导致磁黄铁矿、黄铁矿的可浮性下降。这可能是过分充气在矿物表面生成了 $FeSO_4$ 和 $FeO(OH)$ 所致。调节氧化还原过程，也可以调节矿物的可浮性。目前采用的措施有：（1）调节搅拌调浆及浮选时间；（2）调节搅拌槽及浮选槽的充气量；（3）调节搅拌强度；（4）调节矿浆的 pH 值；（5）添加氧化剂（如高锰酸钾、二氧化锰、过氧化氢等）或还原剂（如二氧化硫）。另外，也可以用氧气、氧气与空气的混合气或氮气、二氧化碳等代替空气充入浮选矿浆中，或者直接将电流通入矿浆中，改变矿浆的氧化还原电位。

2.2.3.2　矿物表面的溶解

矿物颗粒与水相互作用时，常常引起矿物表面某些成分呈离子状态转入液相中，这就是矿物表面的溶解，其对矿物的界面分选过程具有重要影响。硫化物矿物较易受到氧或其他氧化剂的氧化作用，生成半氧化或全氧化的各种水溶性产物（硫酸盐类），从而增加其溶解度和表面亲水性。

一般，当矿物水化能 E 高于其晶格能时，矿物即发生溶解，一直进行到被溶解的离子在固、液两相的化学位相等时为止。矿物水化能 E 包括：

（1）矿物表面晶格阳离子与水分子间的配位键合作用能 E_{com}。

（2）矿物表面晶格离子与水分子间的静电作用能 E_e。

（3）矿物表面带电或不带电晶格质点与水分子间的氢键缔合作用能 E_{hy}。

（4）矿物表面各种分子键性质的不饱和键与水分子间的分子吸引作用能 E_m。

$$E = E_{com} + E_e + E_{hy} + E_m$$

当 $E > E_{晶格能}$ 时，矿物表面离子溶入水中。

金属硫化物矿物的表面较易受到氧或其他氧化剂的作用而氧化生成硫酸盐，从而使其溶解度明显增加。特别是当颗粒粒度很细时，溶解度增加的程度更大，如将重晶石磨至胶体粒度，就可以使其从难溶变成可溶。几种典型的硫化物矿物及其硫酸盐的溶解度列于表 2-6 中。

表 2-6　几种典型硫化物及其硫酸盐的溶解度

矿物	溶解度/mol·L⁻¹	硫酸盐	溶解度/mol·L⁻¹	氧化后溶解度增加的倍数
磁黄铁矿	53.60×10^{-6}	$FeSO_4$	1.03（0℃）	约 20000
黄铁矿	48.89×10^{-6}	$FeSO_4$	1.03（0℃）	约 21000
闪锌矿	6.55×10^{-6}	$ZnSO_4$	3.30（18℃）	约 500000
辉铜矿	3.10×10^{-6}	$CuSO_4$	1.08（20℃）	约 350000
方铅矿	1.21×10^{-6}	$PbSO_4$	1.3×10^{-4}（18℃）	约 107

当水中含有矿物组成的同名离子时，水对矿物的溶解能力降低；而含有其他离子时，可以提高水对矿物的溶解能力。例如，在溶液中含 Ca^{2+} 和 F^- 时，水对萤石 CaF_2 的溶解能力降低，含有其他离子时，水对萤石的溶解能力提高，如图 2-26 所示。

矿物的溶解使矿浆中存在多种离子，这些所谓的"难免离子"是影响浮选的重要因素之一。如工业用水中常含有 Na^+、K^+、Ca^{2+}、Mg^{2+}、Cl^-、CO_3^{2-}、HCO_3^-、SO_4^{2-} 等，而矿坑水中常含有 NO_3^-、NO_2^-、NH_4^+、$H_2PO_4^-$ 和 HPO_4^{2-}，如果用湖水进行浮选，则矿浆中将会含有各种有机物和腐殖质等。"难免离子"的影响是多方面的：相互作用生成原矿浆中没有的新化合物，相互间作用的产物改变矿物表面的组成与电位，"难免离子"与浮选药剂及水中存在的硬度盐类离子（Na^+、K^+、Ca^{2+}、Mg^{2+}、Cl^-、碳酸盐和碳酸氢钠离子等）发生反应使矿浆 pH 值向某侧移动等。

对矿物表面溶解及矿浆中难免离子的调节，目前采用的措施是：（1）控制浮选用水的质量，如进行水的软化；（2）控制充气氧化条件；（3）控制磨矿时间及细度；（4）调节矿浆的 pH 值，使某些离子形成不溶性物质，从矿浆中沉淀出去。

2.2.4 矿物表面的吸附与可浮性

固体或液体表面对气体或溶质的吸引附着现象称之为吸附。固体颗粒可以吸附矿浆中的分子、离子，吸附的结果使颗粒表面性质改变，使它们的可浮性得到调节，所以研究浮选过程中颗粒表面的吸附现象有着非常重要的意义。

在浮选过程中，各种颗粒表面或同一颗粒表面的不同部位的物理、化学性质通常是不均匀的，矿浆中溶解的物质也往往比较复杂，致使颗粒表面所发生的吸附类型是多种多样的。根据药剂解离性质、聚集状态等，可以把颗粒表面的吸附分为分子吸附、离子吸附、胶粒吸附以及半胶束吸附。

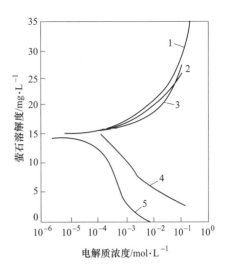

图 2-26 水中离子（无机电解质）
对萤石溶解度的影响
1—Na_2SO_4；2—NaCl；3—NH_4Cl；
4—$CaCl_2$；5—NaF

2.2.4.1 分子吸附和离子吸附

分子吸附是指固体颗粒对溶液中溶解分子的吸附，可进一步细分为非极性分子的吸附和极性分子的吸附两种。非极性分子的吸附主要是各种烃类油（柴油、煤油等）在非极性颗粒（石墨、辉钼矿等）表面的吸附；极性分子吸附主要是水溶液中的弱电解质捕收剂（如黄原酸类、羧酸类、胺类等）的分子在颗粒表面的吸附。分子吸附的特征是吸附的结果不改变固体颗粒表面的电性。

浮选药剂在矿浆中多数以离子状态存在，所以在浮选过程中，发生在颗粒表面的吸附大都是离子吸附。例如，当矿浆 pH>5 时，黄药在方铅矿颗粒表面的吸附、羧酸类捕收剂在含钙矿物（萤石、方解石、白钨矿）颗粒表面的吸附以及络离子在颗粒表面的吸附等都是离子吸附。

根据溶液中药剂离子的性质、浓度以及与固体颗粒表面活性质点的作用活性等，药剂离子在颗粒表面的吸附又可分为交换吸附、竞争吸附和特性吸附。

交换吸附又称一次交换吸附，是指溶液中的某种离子交换颗粒表面另一种离子的吸附形式。在金属硫化物矿物的浮选过程中，金属离子活化剂在矿物表面的吸附一般都是交换吸附。若以 M_1 代表颗粒表面的某种离子，以 M_2 代表溶液中另一种离子，颗粒晶格以 X 表示，则交换吸附可以表示为 $XM_1+M_2 \Longrightarrow XM_2+M_1$。参与交换吸附的离子可以是阳离子，也可以是阴离子。交换吸附可以发生在双电层的内层，也可以发生在双电层的外层。

竞争吸附是当溶液中存在多种离子时，由于离子浓度的不同以及它们与颗粒表面作用活性的差异，将按先后顺序发生交换吸附。例如，用胺类捕收剂（RNH_3^+）浮选石英时，

矿浆中存在的 Ba^{2+}、Na^+ 等阳离子也可在荷负电的石英表面吸附，特别是当 RNH_3^+ 的浓度较低时，由于 Ba^{2+} 或 Na^+ 的竞争吸附，而常常会抑制石英的浮选。

特性吸附又称专属性吸附。当颗粒表面与溶液中的某种药剂离子相互作用时，它们之间除了静电吸附外，尚存在有特殊的亲和力（如范德华力、氢键力，甚至还有一定化学键力），这种吸附即称为特性吸附。离子特性吸附主要发生在双电层内的紧密层，吸附作用具有较强的选择性，并可使双电层外层产生过充电现象，改变动电位（ζ）的符号。例如，刚玉（Al_2O_3）在 Na_2SO_4 或十二烷基硫酸钠（$C_{12}H_{25}SO_4Na$）溶液中，由于 SO_4^{2-} 或 $C_{12}H_{25}SO_4^{2-}$ 的特性吸附，随着 Na_2SO_4 或 $C_{12}H_{25}SO_4Na$ 浓度的增加，刚玉表面的动电位逐渐减小，直至变为负值。发生特性吸附时，离子与颗粒表面作用距离极近（约 1nm 内），作用力较强，可视为是从物理吸附向化学吸附过渡的一种特殊吸附形式。

2.2.4.2 胶粒吸附和半胶束吸附

胶粒吸附是指溶液中所形成的胶态物（分子或离子聚合物），借助某种作用力吸附在固体表面。胶粒吸附可以呈化学吸附，亦可以呈物理吸附。

当长烃链捕收剂的浓度足够高时，吸附在颗粒表面的捕收剂由烃链间分子力的相互作用产生吸引缔合，在颗粒表面形成二维空间的胶束吸附产物，这种吸附称为半胶束吸附，如图 2-27 所示。

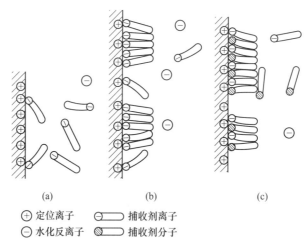

图 2-27   捕收剂阴离子在双电层中吸附的示意图
（a）低浓度时；（b）高浓度时形成半胶束；（c）吸附捕收剂离子和分子

在低浓度时，捕收剂离子是单个的静电吸附；随着捕收剂浓度增加，吸附的离子数目逐渐增多，在颗粒表面形成半胶束，而使电位变号（见图 2-28）；继续增加捕收剂的浓度，则形成多层吸附。产生半胶束吸附的作用力，除静电力外，还有范德华力，并属于特性作用势能，它可使双电层外层产生过充电现象，改变动电位的符号，所以半胶束吸附亦可视为特性吸附。

在多数情况下，形成半胶束吸附对浮选有利，因捕收剂在矿物表面形成半胶束所产生的疏水性要比单个捕收剂离子或分子产生的疏水性强。当有长烃链中性分子时，会加强烃链间的缔合作用，使极性端的斥力受到屏蔽，加强分子引力，从而降低半胶束的浓度，

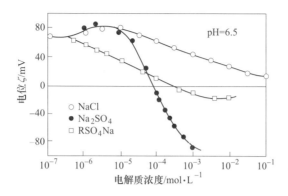

图 2-28 刚玉表面动电位与电解质浓度间的关系

减少捕收剂用量。但当捕收剂浓度过大时，则有可能在矿物表面形成捕收剂的多层吸附，反而会使表面疏水性下降，降低矿物可浮性。一般来说，药剂形成半胶束吸附的浓度与烃基长度有关，烃基越长，形成半胶束时的药剂浓度越低。半胶束浓度 HMC 约为临界胶束浓度 CMC 的 1/100。

2.3 微细矿粒的分散与聚集

2.3.1 微细矿粒的分散与聚集状态

在悬浮液体系中，微米级的矿物颗粒虽然并不完全是胶体粒度，但由于其质量小、表面能高、比表面积大等特点，在悬浮液中表现出的分散或团聚特性及目前处理它们的方法如分散脱泥、选择性絮凝等的主要机理仍属于胶体化学原理范畴。

2.3.1.1 微细矿粒的分散

悬浮液中微细颗粒呈悬浮状态，且各个颗粒可自由运动时，称为分散状态。矿物颗粒的分散通常有三种途径：

（1）调整矿浆 pH 值，改变矿物表面电性，使矿物颗粒表面电位相同且绝对值较大，从而产生较大的静电斥力，使其处于分散状态。

（2）添加亲水性无机或有机聚合物，强化矿粒表面亲水性，借助较厚的水化膜阻止矿粒间相互靠近。

（3）借助物理力来实现矿粒分散。

对应的分散方法有化学分散法，采用添加分散剂的方法来实现矿物颗粒分散，如 pH 调整剂、水玻璃、六偏磷酸钠、单宁、木质素类；物理分散法，如超声分散法、机械搅拌等。

2.3.1.2 微细矿粒的聚集

悬浮液中如果微细矿粒相互黏附团聚，生成团粒尺寸变大则称为聚集状态。根据聚集状态作用机理的不同，可将其分为三种，如图 2-29 所示。

（1）凝聚：在某些无机盐（如酸、石灰、明矾等）的作用下，悬浮液中的微细矿粒形成凝块的现象称为凝聚。其主要机理是外加电解质减少表面电荷、压缩双电层的结果。

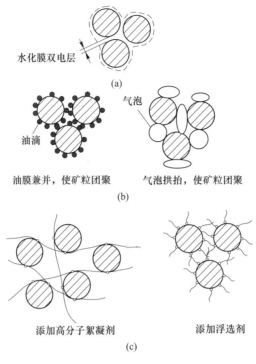

图 2-29　微细矿粒的聚集状态

（a）凝聚；（b）团聚；（c）絮凝

（2）团聚：团聚是指在悬浮液中加入非极性油后，促使矿粒聚集于油相中形成团，或者由于气泡拱抬而使矿粒聚集成团的现象。或者加入捕收剂使矿物表面疏水，形成"疏水团聚"。

（3）絮凝：絮凝主要是用高分子絮凝剂（例如淀粉、聚电解质）通过桥联作用，把微细矿粒联结成一种松散的、网络状的聚集状态，有时也称为高分子絮凝。

如果主要由外加表面活性剂（例如捕收剂）在矿粒表面形成疏水膜，在适宜流体剪切力的作用下，各矿粒表面间疏水膜中的非极性基相互吸引、缔合而产生的絮凝称为（剪切）疏水絮凝。

悬浮液的分散和聚集状态，对微细粒矿物的浮选过程和产品质量有显著影响。要使矿物混合物达到有效的选择性分离，首先必须使悬浮液处于最佳分散状态，避免各种矿物细粒间相互混杂和矿泥罩盖。例如，强化分散浮选法就是在浮选前添加分散剂，使悬浮液达到所要求的分散度，然后浮选。

2.3.1.3　高分子絮凝的桥联作用

高分子絮凝与凝聚的原理不同。絮凝剂的分子相当长，例如，常用的聚丙烯酰胺，每个结构单元的长度约为 $2.5 \times 10^{-10}\mathrm{m}$。如果聚合度为 14000，则每个分子长度可达 $3.5\mu\mathrm{m}$，超过了颗粒间范德华力和双电层力的作用距离。这样，高分子絮凝剂就会像架桥一样，搭在两个或多个矿粒上，并以自己的活性基团与矿粒起作用，从而使矿粒联结形成絮团，这种作用就称为桥联作用。因此，不论悬浮液中颗粒表面的荷电状况如何、势垒多大，只要添加的絮凝剂分子具有在矿粒表面吸附的官能团，或具有吸附活性，便可实现絮凝。

2.3.2 微细矿粒间相互作用的 DLVO 理论

浮选体系中，矿物颗粒间的相互作用力主要包括静电力、范德华力、水化力、疏水力、空间稳定化力、磁力等。矿物颗粒间的相互作用影响着微细矿粒间的选择性絮凝、疏水团聚以及不同矿粒间的异相凝聚等过程。

2.3.2.1 静电力

静电力主要指两带电离子相互接近时的静电相互作用力，一般带相同电荷颗粒间存在静电排斥力，带异号电荷颗粒间存在静电引力。描述颗粒间静电相互作用时一般用静电相互作用能 V_E 表示，它随间距的变化就是带电颗粒由无限远处接近到间距 H 处时体系自由能的变化。表面化学中有颗粒间静电相互作用能计算的专门公式，在计算颗粒间静电相互作用能时，根据相互作用的颗粒形状及作用形式的不同而有不同的计算公式。

2.3.2.2 范德华力

极性分子的范德华相互作用能 V_W 由三部分组成：诱导作用、定向作用、色散作用。除了尺寸很小的强极性分子（如水分子等），大多数分子之间均以色散作用为主。当两个分子中一个为极性分子，另一个为非极性分子时，分子间的作用也主要表现为色散作用。

对于非极性分子，范德华作用的来源是瞬时偶极矩，它是原子中的电子相对于原子核的瞬时位置偏折而产生的。瞬时偶极矩产生电场，引起周围中性原子极化产生偶极矩，导致二者相互吸引，此时范德华作用就只有色散作用一项。

单个原子间的范德华作用能与原子间距离的六次方成正比，随着原子间距离的增大，衰减很快，属于短程作用。由于颗粒的范德华作用是多个原子或分子之间的集合作用，因而其表现形式与单个原子或分子相比有很大不同。假定颗粒中所有原子间的作用均具有加和性，那么便可求出不同几何形状颗粒间的范德华作用能。与静电相互作用能类似，表面化学中也有专门的范德华作用能计算方法。

2.3.2.3 DLVO 理论

DLVO 理论是经典的胶体化学理论之一，一直以来被用来解释胶体的聚集与分散现象，后来被用来解释颗粒间的相互作用。它是基于胶体或颗粒间的静电相互作用能（V_E）和范德华作用能（V_W）的加和，在此基础上来预测胶体或颗粒的稳定性：

$$V_T = V_W + V_E \tag{2-15}$$

当 $V_T > 0$ 时，胶体或颗粒以分散状态存在；

当 $V_T < 0$ 时，胶体或颗粒之间相互聚集。

颗粒间的相互作用能与颗粒间距离的关系曲线如图 2-30 所示。由 V_E 和 V_W 加和得到的总位能 V_T 曲线，当颗粒间距离较大时，有一较缓的极小值，称为"第二能谷"。此时颗粒间可能形成"准稳态凝聚"，即形成的聚集体系存在可逆性倾向，一经搅动，很容易再分散。当颗粒间距离逐渐减小时，总势能逐渐增大，直至达到极大值，此时的极大值称为"能垒"。当颗粒间距离继续减小时，则总势能快速减小，直至变为负值，此时颗粒可获得稳定的凝聚状态，要分散它们则需要相当大的能量。显然，为了形成稳定的凝聚状态，必须克服"能垒"。所以"能垒"的高低可以看作是稳定性大小的标志。位能曲线的形状受颗粒的性质、表面电位、双电层配衡离子浓度及电价等因素影响，这些因素的变化将使离子分散状态的稳定性发生变化，直至发生凝聚。

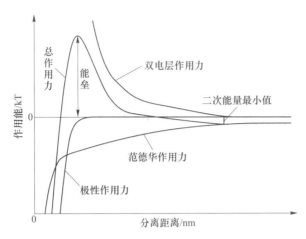

图 2-30　颗粒间的相互作用能与颗粒间距离的关系曲线

2.3.2.4　扩展的 DLVO 理论

经典的 DLVO 理论虽然可以解释一些矿物颗粒在水中的凝聚行为，但对于某些浮选剂存在情况下的矿粒的凝聚行为则不适用，甚至还会得出完全相反的结果。近年来，在胶体稳定性的研究中，人们已经发现由于亲水胶粒间的水化斥力、疏水胶粒间的疏水力及大分子化合物产生的空间斥力，经典的 DLVO 理论不能圆满解释胶粒之间的凝聚行为，从而提出了扩展的 DLVO 理论。扩展的 DLVO（extended-DLVO）理论是对 DLVO 理论的修正，不仅包含了颗粒间的静电力和长程范德华力，还考虑了一些其他的因素，如表面极性力、疏水力等，可以很好地解释浮选剂存在时矿物颗粒间的分散或聚集行为：

$$V_T^{ED} = V_W + V_E + V_{HR} + V_{HA} + V_{SR} + V_{MA} \qquad (2\text{-}16)$$

式中，V_T^{ED} 为颗粒间总相互作用能；V_{HR} 为水化相互作用排斥能；V_{HA} 为疏水相互作用吸引能；V_{SR} 为空间斥力位能；V_{MA} 为磁吸引势能。

对于亲水体系：

$$V_T^{ED} = V_W + V_E + V_{HR} \qquad (2\text{-}17)$$

对于疏水体系：

$$V_T^{ED} = V_W + V_E + V_{HA} \qquad (2\text{-}18)$$

V_{SR} 与 V_{MA} 则取决于体系性质，若有这两项存在时，可以将其加入式（2-17）和式（2-18）中。为了用扩展的 DLVO 理论描述浮选体系中矿物颗粒的凝聚行为，需要求出体系中可能存在的各种相互作用力，主要是水化力和疏水力。

2.4　气泡矿化

浮选过程中的充气矿浆是由固相（矿粒）、液相（水）和气相（气泡）三者组成的三相体系，而浮选时各种矿粒对气泡选择性黏附是由矿粒、水、气泡所组成的三相界面间的物理化学性质所决定的。浮选效果的好坏主要取决于矿粒在气泡表面的黏附程度，即气泡的矿化程度。在气泡矿化过程中，疏水性矿粒优先附着在气泡上，从而形成气固联合体；亲水性矿粒很难附着在气泡上。因此，气泡矿化过程具有选择性。气泡的矿化过程受矿粒表面润湿性、矿粒物理性质、气泡大小及浮选槽内热力学和流体动力学等多种因素的影响。

2.4.1 气泡矿化的形式

浮选矿浆中，气泡的矿化是气泡群和矿粒群之间的群体行为，有别于单一的矿粒和气泡的情况，大量学者通过高速摄影及测定，将浮选矿浆中气泡的矿化行为归纳为以下三种形式：

（1）在浮选充气搅拌过程中，微细矿粒群附着在气泡底部，形成"矿化尾壳"。矿化尾壳占气泡总表面积的百分比因浮选条件不同而不同，在精选作业中由于矿物颗粒疏水性强，占比可高达 20%~30%。

（2）多个小气泡共同携带一个粗矿粒，形成矿粒-微泡联合体。此时许多气泡会黏附在一个矿粒上，此种矿化形式对粗粒浮选具有重要意义。

（3）若干个微细矿粒和多个小气泡共同黏着形成絮团。这种形式中，气泡和矿粒之间附着的接触面积大，而且它们之间没有残余水化层的气固直接接触，此种疏水粒群往往以气絮团浮出。

气泡矿化形式与浮选设备参数及充气搅拌方式有密切关系，在浮选过程中这三种矿化形式并存，只是各自所占比例不同，而大多数浮选过程以第一种形式为主。浮选效果的好坏主要由以下 4 个阶段决定：（1）矿粒和气泡碰撞阶段，即矿粒在矿浆搅拌过程中与气泡发生碰撞接触的过程；（2）矿粒和气泡黏着阶段，此阶段是矿粒和气泡碰撞之后，疏水性矿粒进一步与气泡水化层接触，使它变薄、破裂的过程，此时形成固-液-气三相体系；（3）气固联合体上浮阶段，经过部分矿粒与气泡附着之后，相互聚集结合形成矿粒气泡的联合体，在气泡的浮力作用下携带矿粒进入泡沫层；（4）形成稳定的泡沫层阶段，经矿粒和气泡之间多次黏附，易脱落的矿粒进入下次的矿化过程，而黏附较牢固的矿粒由气泡带入稳定泡沫层。

2.4.2 气泡矿化热力学和动力学

浮选气泡矿化中，矿粒向气泡选择性附着的过程受多种因素的影响和制约，而其中热力学和动力学因素起决定性作用。

2.4.2.1 气泡矿化的热力学

矿粒能否选择性黏附在气泡上并顺利完成矿化过程，这与它的表面润湿性有关，而表面润湿性与它在固-液-气三相体系中和水、气泡的接触乃至进一步矿化过程有密切联系。表面润湿现象的产生，是由水分子结构的偶极现象及矿物晶格构造不同所引起的。矿物表面润湿性越差，说明其天然可浮性越好，气泡越易排开矿物表面的水化膜，矿粒在气泡表面的附着也越稳定，因而也越容易被气泡矿化，反之则难以完成气泡矿化。

矿粒与气泡前后附着，其系统自由能发生很大变化，可以通过讨论固-液-气三相接触过程中自由能的变化来判断气泡矿化的难易程度，其附着的牢固程度可以用黏附功 W_{s-1} 或体系自由能的减少量 ΔG 来衡量。当颗粒疏水性增加时，接触角增大，则可浮性（$1-\cos\theta$）增大，此时 ΔG 减小，体系自由能降低。根据热力学第二定律，疏水性颗粒与气泡间液膜不稳定，容易自发破裂进而发生黏附；亲水性颗粒与气泡间液膜在热力学上则处于稳定状态，颗粒很难被气泡捕获，这就是气泡矿化的热力学原理。

2.4.2.2 气泡矿化的动力学

按照经典的浮选理论，矿粒在气泡上的附着过程可以分为三个阶段，即碰撞、黏附、脱附。矿粒被气泡捕获的概率可以用下式表示：

$$p = p_c p_a p_n \tag{2-19}$$

式中，p、p_c、p_a、p_n 分别为矿粒附着的总概率、矿粒与气泡的碰撞概率、黏附概率、脱附概率，矿粒最终能否被气泡捕获，是由上述分过程的概率来确定的。

一般来说，颗粒与气泡间的碰撞效率随着颗粒粒度的增加而增大。当颗粒的粒度极小时，矿浆中流体黏滞阻力的作用会大于颗粒自身惯性力的作用，颗粒会沿着气泡周围的流体线运动，因而颗粒与气泡的碰撞速率会降低，增大矿浆的湍流强度或减小气泡的尺寸是增加微细颗粒与气泡碰撞效率的主要方法。

矿粒与气泡碰撞后会沿着气泡的表面向下滑动，在这个过程中，颗粒与气泡间的相互作用力会使颗粒与气泡间的液膜变薄进而发生破裂，最终形成稳定的固-液-气三相接触面。一般将液膜变薄、破裂、形成稳定的气泡-颗粒团聚物的最短时间称为感应时间，因此只有当颗粒与气泡的接触时间大于感应时间时，颗粒才有可能附着于气泡上。矿物粒度越大，所需的感应时间就越长，黏附就越难进行，对粗粒矿物来说，其粒度大、惯性大、与气泡的接触时间短，但所需的感应时间却较长，这是粗粒难浮的原因之一。

矿粒与气泡的黏附（脱附）过程中，表面力起着重要作用，随着矿粒与气泡间的间距逐渐减小，当其间距达到 100nm 以内时，各种表面力开始发生作用，这些力是范德华力、双电层作用力、疏水作用力及结构力。当亲水矿粒与气泡作用时，范德华力、双电层作用力及结构力起作用，在大多数情况下，三者均表现为斥力。当疏水矿粒与气泡作用时，范德华力、双电层作用力及疏水作用力起作用，前二者表现为斥力，而疏水作用力是疏水矿粒在水中产生的一种很强的吸引力，作用距离如果为 10nm，其数值通常比范德华力或双层静电力大 1~2 个数量级，故疏水作用力是疏水矿粒与气泡黏附的关键力。

矿粒与气泡黏附后，在湍流力场作用下会发生脱附，稳定黏附在气泡上的颗粒的最大尺寸减小，矿粒的脱附概率就会增加，颗粒粒度越小，脱附概率越小，粒度越大，脱附概率越大。

当然，最有效的抵抗脱附的方法依然是强化待浮颗粒的表面疏水性，主要是通过扩大三相周边来提高颗粒的附着强度，微细颗粒一旦附着于气泡后，基本不脱落，这是导致浮选选择性差的根本原因。人们也可以设法利用亲水颗粒从气泡表面脱附，通过减少机械夹杂来提高浮选选择性。实际上，颗粒-气泡结合体浮升行为以及泡沫层中所发生的一切对浮选回收率和品位指标都有着十分重要的影响，近年来由于浮选柱的兴起，其浮升距离长、泡沫层厚，人们对此类现象的影响更加重视，例如，煤浮选柱浮选脱灰的效率普遍高于机械搅拌浮选机，就在于泡沫冲洗水所导致的灰分矿物在泡沫层中出现了脱附现象。

目前，虽然在浮选过程中气泡与矿物颗粒作用研究取得了一些积极的成果，但颗粒与气泡间相互作用仍存在许多尚不清楚的问题，如水化膜破裂行为、三相周边形成扩展动力学、各种流体力及表面力的定量计算、气泡表面性质等。此外，几乎所有的研究都是基于单个气泡和单个颗粒，并做了很多不切实际的简化和假设，缺乏统计意义，因而对实践的指导作用目前尚不尽如人意。但随着浮选过程中气泡矿化研究的不断深入，其在全面提高浮选分选效率方面将起到关键性的作用。

2.4.3 矿化泡沫层分析

两相泡沫是气相在液相中的一种分布形式，其特点是气相体积远大于液相体积，故液相呈薄层状分割气体。液相中的气泡分散体浮升至液面稳定聚集即成泡沫，没有固相参与的泡沫叫两相泡沫。浮选中形成的含有大量矿粒或其他第三相物质的泡沫称三相泡沫。两相泡沫比较简单，在评价及研究起泡剂及泡沫时经常用到。图 2-31 为两相泡沫的结构。在相邻气泡大小相差不大的情况下，往往形成水层夹角互为 120° 的三气泡结构单元，由三叉水层分隔。此种三叉水层结构又称普兰台边界，普兰台边界对泡沫的脱水起作用。

含有矿粒或第三相的泡沫就是三相泡沫，三相泡沫除分隔水层中有大量矿粒外，结构与两相泡沫相似。三相泡沫与两相泡沫有许多相似之处，如泡沫层中气泡自上而下由大变小，分隔水层自上而下由薄变厚，泡沫层上部的大气泡显著变形等。常见的矿化泡沫层如图 2-32 所示。

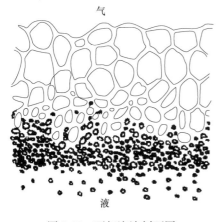

图 2-31　两相泡沫剖面图

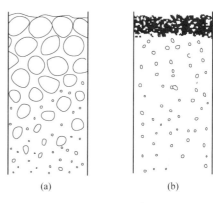

图 2-32　三相泡沫剖面图
（a）膜状泡沫；（b）聚集状泡沫

浮选过程中理想的三相泡沫是由矿化充分、大小适度的气泡组成的，不发黏，有较好的流动性，除气泡顶端外，其他气泡表面均被矿化。有时在浮选过程中可以观察到由疏水絮凝体和许多小气泡形成的矿化泡沫，这种泡沫含大量的疏水矿粒和少量的水，有较高的稳定性，不易破裂。在扫选过程中经常碰到"水泡"，此种泡沫矿化程度较差，含大量的水，气泡较大且易碎。有时在泡沫层上出现喷水雾现象，此种现象多半是由起泡剂用量过多引起的，使气泡变脆，水分增加，这种脆泡往往矿化极差，说明浮选药剂使用不当，浮选过程失调。

泡沫层中的固体颗粒强烈地影响泡沫的稳定性。对于充分矿化的泡沫层，矿粒在气液界面密集排列，相当于给泡沫"装甲"，气泡兼并时需要消耗额外的能量以使黏附的矿粒脱落，使兼并难以发生；此外由于在气液界面有矿粒黏附，分隔水层产生一种毛细作用力，此种力使水层厚度保持一定。当矿粒的接触角介于 0° ~ 90° 时，随着接触角增大，矿粒在气泡上的黏着变得更加牢固，泡沫层的稳定性亦相应增大。

浮选泡沫层的形成和破灭是一个动平衡过程。气泡带着一定厚度的矿浆层上浮，到达泡沫层时逐步密集并互相干扰，并以一定速度继续上升；与此同时，由于泡沫层的脱水作用，进入泡沫层的一部分水夹带未黏着或黏附不牢固的矿粒下落并返回矿浆。泡沫层的脱水、气泡互相兼并使气液界面减少、气泡壁破裂时的颤动等，使黏附于气液界面的矿粒根据黏附牢固程度大小竞争气液界面。矿粒黏附的牢固程度主要取决于其疏水性及形状。疏水性较差的矿粒黏着不牢，首先脱落，随向下流动的水返回液相。于是，泡沫层中矿粒的矿物组成或品位随泡沫层高度而变化，精矿品位随泡沫层高度而提高，脉石矿物则主要聚集在泡沫层下部，这种目的矿物在泡沫层的富集现象叫二次富集作用。二次富集作用对提高精矿品位有利。为了充分利用此种作用，应注意刮泡方式及刮泡速度，同时应为脉石矿粒在泡沫层中下落创造必要条件，如调整药剂制度、减少泡沫黏性、扩大目的矿物与脉石矿物的可浮性差别等，甚至可在泡沫层上适当喷洒清水，但要注意喷水量，过大过小都不好。

2.5 浮选动力学

浮选是一个极其复杂的物理化学过程，受到各种因素影响。由于目的矿物的累计回收率随浮选时间的增加而增加，因此本质上可将浮选过程看作一个浮选回收率随时间变化的过程。浮选动力学就是通过分析矿物浮选速率的变化规律来研究各因素对浮选过程的影响。

2.5.1 浮选动力学的影响因素

浮选是包括许多分过程的复杂过程，这些分过程主要包括：

（1）矿浆搅拌强度与充气速度。

（2）气泡对矿粒的捕获，包括矿粒与气泡的碰撞、黏附、脱落等过程。

（3）矿粒在矿浆和泡沫间的转移，包括矿化气泡进入泡沫、矿粒直接带入泡沫、矿粒从泡沫返回矿浆。

（4）浮选产品的排除，包括泡沫的排除、尾矿的排除。

上述各分过程均会对浮选速率产生影响。另外，矿物浮选又是一个复杂现象，除受机械、工艺及操作条件影响外，物理化学因素也会对浮选速率产生重要影响。归纳起来，影响浮选速率的因素可分为四类：

（1）矿石和矿物的性质，如矿物的种类和成分、粒度分布、矿粒形状、单体解离度、矿物表面性质等。

（2）浮选化学方面诸因素，如捕收剂的选择性与捕收性、活化剂、抑制剂、起泡剂的种类和用量、介质 pH 值、水质等。

（3）浮选机特性，如浮选机结构和性能、充气量、气泡尺寸分布及分散程度、搅拌强度、泡沫层的厚度及稳定性、刮泡速度等。

（4）操作因素，如矿浆浓度、温度等。

对浮选速率影响因素的研究表明，其所涉及问题实际上十分复杂，很难得出每一因素对浮选速率影响的一致结果，这也给浮选动力学的研究带来了很大困难。

2.5.2 浮选速率方程和级数

浮选过程涉及的是气泡与矿粒的相互作用。因此，浮选过程的速率可由矿粒向气泡的附着速率决定。化学反应涉及的是原子、分子间的相互作用，就粒子间的相互作用来说，可以将浮选过程与化学反应相类比。故浮选速率方程可从化学反应速率方程类推。假定浮选过程中充气速度与矿浆搅拌强度等影响浮选速率的各种变量保持恒定不变，则浮选速率方程可表示为：

$$\frac{dc}{dt} = -kc^n \tag{2-20}$$

式中，c 为时刻 t 矿浆中欲浮矿物组分的浓度；k 为速率常数，s^{-1} 或 min^{-1}；n 为浮选反应级数。式（2-20）采用了微分形式，这是因为浮选速率是随时间变化的。由于浮选速率不可能是负值，因此用欲浮矿物的浓度随时间的变化率表示速率时，因 dc 是负值，所以在式（2-20）中加上负号。

式（2-20）如果以精矿回收率 ε 表示，则矿浆中欲浮矿物的浓度 c 应以矿浆中尚未浮出的目的矿物的回收率（$\varepsilon_\infty - \varepsilon$）代替，此时式（2-20）可以改写为：

$$\frac{d\varepsilon}{dt} = k(\varepsilon_\infty - \varepsilon)^n \tag{2-21}$$

式中，ε_∞ 为无限延长浮选时间后，欲浮矿物可能达到的最大回收率，纯矿物浮选时可取 1；ε 为时刻 t 时欲浮矿物的回收率。

在式（2-21）中，当 $n=1$ 时称"一级反应"，此时若以 k_1 表示一级反应常数，则积分可得：

$$\varepsilon = \varepsilon_\infty (1 - \varepsilon^{-k_1 t}) \tag{2-22}$$

式（2-22）可变为：

$$\ln \frac{\varepsilon_\infty}{\varepsilon_\infty - \varepsilon} = k_1 t \tag{2-23}$$

由式（2-23）可知，当符合一级反应时，如以 $\dfrac{\varepsilon_\infty}{\varepsilon_\infty - \varepsilon}$ 对 t 作图，则应得到通过坐标原点的直线，直线的斜率就是浮选速率常数 k_1。

当 $n \neq 1$ 时，式（2-21）积分可得：

$$(\varepsilon_\infty - \varepsilon)^{1-n} = (n-1)k_n t + \varepsilon_\infty^{1-n} \tag{2-24}$$

多年来，国内外对 n 的取值进行了大量研究工作，结果发现，为了与实际矿石浮选结果相拟合，n 的取值范围是 $0 \leqslant n \leqslant 6$，$n$ 可以是整数，也可以是非整数。如果 n 不是整数，则称之为"非整数级反应"，从式（2-24）中可以看出，此时（$\varepsilon_\infty - \varepsilon$）$^{1-n}$ 对 t 是直线关系。由于浮选速率正比于速率常数和回收率的 n 次方，因此在比较浮选过程的快慢时，对于同一反应级数，可直接比较速率常数的大小。速率常数大，则浮选速率快。如果反应级数不同，则还需要算出某时刻的浮选速率来比较。

2.5.3 浮选速率常数的分布特性

浮选实践表明，当组成矿石各矿物颗粒的可浮性越来越接近（如纯矿物粒级越来越窄），直至它们中所有颗粒的可浮性都相同时，其浮选速率是符合一级反应的，这时各矿物颗粒的速率常数应是相等的。此时，把可浮性相同并具有同一级浮选速率常数的这些矿粒称为一个品种（级）。在实际矿石中，同一品种的矿粒群中可能存在组成不同、粒度不同、解离度及表面性质不同的颗粒，因此，若以一级动力学方程来描述实际矿石的浮选，可以认为 k 值不是常数，而是随时间变化的。在实际矿石浮选时，由于浮选物料由不同 k 值的品种组成，所以，具有较大速率常数的品种将以较快的速率浮选，而速率常数低的以较慢速率浮选，随着较大速率常数的品种不断浮出，浮选机中剩余物料的平均 k 值就随着浮选时间延长逐步降低，即 k 值是时间的函数。

由于浮选物料是由不同 k 值品种组成的，那么其中不同 k 值的品种数量占多大比例、如何分布，是重要的研究课题，也决定了实际浮选动力学模型的使用效果。由于浮选物料组成实际上是十分复杂的，因此 k 值的分布也有多种表达方式，主要可以分为两大类，即连续分布形式和离散分布形式。

目前，以浮选速率常数分布为基础，通过微观机理的深入研究建立浮选动力学模型，应用现代测试技术对重要变量进行定量测试，以求更精确地描述实际浮选过程是今后浮选动力学研究发展的重要方向。

习　　题

2-1　简述矿物的价键类型和解离规律。

2-2　矿物晶格分为几种，晶格类型与其天然可浮性有何关系？

2-3　举例说明硫化物矿物晶格缺陷对其可浮性的影响。

2-4　矿物的表面润湿性是如何分类的？

2-5　简述润湿方程及其物理意义。

2-6　何为水化膜，不同矿物水化膜有何特点？

2-7　简述矿物表面荷电的原因。

2-8　画图说明双电层结构及其电位。

2-9　什么是零电点 PZC？什么是等电点 PZR？

2-10　什么是定位离子、配衡离子、特性吸附离子？

2-11　以黄铁矿（FeS）为例，说明氧化对矿物可浮性的影响。

2-12　举例说明矿物表面电性与浮选药剂的吸附，以及矿物可浮性的关系。

2-13　锡石的 $pH_{PZC} = 6.6$。计算 $pH = 4$ 和 $pH = 8$ 时锡石表面电位的大小，并说明其表面电性。分别在此两种不同条件下浮选锡石时，如何选择捕收剂？

2-14　简述半胶束吸附现象及其在浮选中的应用。

2-15　简述颗粒与气泡碰撞和黏附机理。

2-16　影响浮选速率的因素有哪些？

3 界面分选药剂

本章要点：

（1）阳离子型捕收剂的性质、分类和作用。

（2）阴离子型捕收剂的性质、分类和作用。

（3）起泡剂的性质、分类和作用。

（4）调整剂的性质、分类和作用。

3.1 浮选药剂的分类与作用

浮选药剂按用途分为捕收剂、起泡剂和调整剂三大类。捕收剂的主要作用是使目的颗粒表面疏水，使其容易附着在气泡表面，从而增加其可浮性。因此，凡能选择性地作用于颗粒表面并使之疏水的物质，均可作为捕收剂。起泡剂是一种表面活性物质，富集在水-气界面，主要作用是促使泡沫形成，并能提高气泡与颗粒作用及上浮过程中的稳定性，从而保证载有颗粒的气泡在矿浆表面能够形成泡沫层并顺利排出。调整剂的主要作用是调整其他药剂（主要是捕收剂）与颗粒表面的作用，同时还可以调整矿浆的性质，进而提高浮选过程的选择性。

调整剂按照其具体作用又可分为活化剂、抑制剂、介质调整剂、分散与絮凝剂 4 种。凡能促进捕收剂与颗粒表面的作用，提高其可浮性的药剂（多为无机盐），统称为活化剂，上述这种作用称为活化作用。与活化剂相反，凡能削弱捕收剂与颗粒表面的作用，降低和恶化其可浮性的药剂（各种无机盐及一些有机化合物），统称为抑制剂，这种作用称为抑制作用。介质调整剂的主要作用是调整矿浆的性质，以产生对某些颗粒的浮选有利、而对另一些颗粒的浮选不利的介质性质，例如调整矿浆的离子组成、改变矿浆的 pH 值、调整可溶性盐的浓度等。分散与絮凝剂是用来调整矿浆中微细粒级物料的分散、团聚及絮凝的药剂，当微细颗粒由一些有机高分子化合物通过"桥联作用"形成一种松散且具有三维结构的絮状体时，称为絮凝，所用药剂称为絮凝剂，如聚丙烯酰胺等；当微细颗粒因一些无机电解质（如酸、碱、盐）中和了颗粒的表面电性，在范德华力的作用下所引起团聚时，称为凝聚，这些无机电解质称为凝聚剂（或凝结剂、助沉剂）。常用浮选药剂的类别及典型代表见表 3-1。

表 3-1 常用浮选药剂一览表

名称	类别			典型药剂
捕收剂	离子型	阴离子型		巯基类：黄药、黑药、Z-200、噻唑等
				羧基类：油酸、脂肪酸皂、皂化氧化石油产品等
				硫氧酸类：烷基硫酸、烷基磺酸等
		阳离子型		第一脂肪胺及其盐：月桂胺、十八碳胺、混合胺、含羧酸的胺类等
				季铵盐：烷基季铵盐、烷基吡啶盐等
		两性型		十六胺基乙酸、N-十二烷基-β-胺基丙酸、N-十四氨基乙磺酸等
	非离子型	异极性		含硫化合物：双黄药、黄原酸丙烯醚等
		非极性烃油		煤油、柴油、燃料油、变压器油、重油等
起泡剂	羟基化合物类	脂环醇		松醇油
		脂肪醇		MIBC、含混脂肪醇等
		酚		甲酚、木溜油
	醚及醚醇类	脂肪醚		三乙基丁烷（TEB）
		醚醇		聚乙二醇单醚
	吡啶类			重吡啶
	酮类			樟脑油
调整剂	抑制剂	无机物		酸类：亚硫酸等
				碱类：石灰等
				盐类：氰化钾、重铬酸钾、硅酸钠等
				二氧化硫等
		有机物		单宁类：栲胶、单宁
				木素类：木素磺酸钠
				淀粉类：淀粉、糊精
				其他：动物胶、羧甲基纤维素
	活化剂	酸类		硫酸等
		碱类		碳酸钠等
		盐类		硫酸铜、硫化钠、碱土金属离子及重金属离子等
	pH 调整剂	酸类		硫酸等
		碱类		石灰、碳酸钠等
	絮凝剂	无机物		明矾等
		有机物		纤维素类：羧甲基纤维素等
				聚丙烯酰胺：3号絮凝剂
				聚丙烯酸类：聚丙烯酸

3.2 捕 收 剂

3.2.1 捕收剂的结构与分类

3.2.1.1 捕收剂的结构

捕收剂的分子结构中一般都包含有极性基和非极性基。极性基是能使捕收剂有选择性地、比较牢固地吸附在颗粒表面的活性官能团，常称之为亲固基；而非极性基（即烃基）则是捕收剂能使颗粒表面疏水的另一组成部分，常称为疏水基。由于这样的结构特点，作为捕收剂使用的一般都是异极性的有机化合物，它们能选择性地吸附在某些固体表面上，且吸附后能增强颗粒表面的疏水程度。

极性基中最重要的是直接与固体表面作用的原子即所谓的键合原子（或称亲固原子），其次是与键合原子直接相连的中心原子（或称中心核原子）以及连接原子。整个捕收剂分子各部分的结构、性能以及彼此间的相互联系和相互影响，最终决定了整个捕收剂分子整体的捕收性能。另有一些捕收剂（如煤油、柴油等），起捕收作用的不是离子，而是分子。丁基黄药是有机异极性捕收剂，其分子结构为：

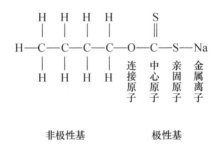

在浮选矿浆中，丁基黄药分子解离成起捕收作用的疏水性阴离子 $C_4H_9OCSS^-$ 和无捕收作用的金属阳离子 Na^+。

3.2.1.2 捕收剂的分类

按照在水中的解离程度、亲固基的组成和它们对固体的作用活性，可以将捕收剂分为非离子型和离子型两种。

非离子型捕收剂通常情况下不溶于水，主要是非极性的烃类油，常用来浮选非极性的矿物，如辉钼矿、石墨、煤等。

离子型捕收剂在水中可以解离为离子，按起捕收作用的离子的荷电性质，又可分为阳离子捕收剂和阴离子捕收剂两种。目前使用的阳离子捕收剂主要是脂肪胺，起捕收作用的疏水性离子是 RNH_3^+。在某些情况下，胺分子也起捕收作用。这类捕收剂主要用来选别硅酸盐、铝硅酸盐等含氧盐矿物和某些氧化物矿物。阴离子捕收剂按阴离子捕收剂亲固基的组成和结构又可以进一步分为亲固基是羧基或硫酸基、磺酸基的阴离子捕收剂和亲固基包含二价硫的阴离子捕收剂两类。亲固基是羧基或硫酸基、磺酸基等的阴离子捕收剂的亲固基主要有：

羧基	磺酸基	硫酸基	羟肟酸基	胂酸基	磷酸基

脂肪酸及其皂类广泛地用于浮选晶格上存在碱土金属阳离子（如 Ca^{2+}、Mg^{2+}、Ba^{2+}）的矿物，也可以浮选某些稀有金属、有色金属或黑色金属的氧化物矿物，还可以浮选许多其他矿物。但由于这类捕收剂的选择性欠佳，而限制了它们的应用。

亲固基包含二价硫的阴离子捕收剂又称为硫代化合物类捕收剂，其典型代表是黄药和黑药。黄药由烃基（R）和亲固基（$OCSS^-$）及碱金属离子（Na^+、K^+）组成，起捕收作用的是 $ROCSS^-$。黄药是目前浮选金属硫化物矿物应用得最多、最有效且选择性良好的捕收剂。黑药由两个烃基和亲固基 PSS^- 及一价阳离子（H^+、K^+、Na^+ 或 NH_4^+）组成，起捕收作用的是 $(RO)_2PSS^-$。目前黑药也是浮选金属硫化物矿物的有效捕收剂，应用范围仅次于黄药。

3.2.2 硫代化合物类捕收剂

如前所述，硫代化合物类捕收剂的特征是亲固基中都含有二价硫，同时疏水基的分子量较小，其典型代表有黄药、黑药、氨基硫代甲酸盐、硫醇、硫脲及它们相应的酯类。

3.2.2.1 黄药类捕收剂

黄药类捕收剂包括黄药和黄药酯等。黄药的学名为黄原酸盐，根据其化学组成也可称为烃基二硫代碳酸盐，其分子式为 ROCSSMe。其中，R 为疏水基，$OCSS^-$ 为亲固基，Me 为金属离子 Na^+ 或 K^+。戊基黄药分子的立体结构如图 3-1 所示。黄药分子中亲固基的立体结构如图 3-2 所示。

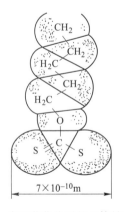

图 3-1　戊基黄药分子的立体结构模型

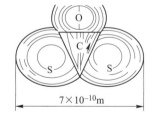

图 3-2　黄药亲固基的立体结构模型

从图 3-1 中可以看出，黄药分子是具有三维空间的实体。烃基为锯齿状（或称"之"字形）结构，戊基黄药的分子长度约为 1.2nm。图 3-2 表明，黄药的亲固基为三角形结构，中心原子碳位于中央，上方为连接氧原子，下方为两个硫原子，两个 C—S 键之间的夹角为 125°，亲固基最大宽度为 0.7nm，厚度为 0.38nm，烷基的厚度约为 0.4nm，因此每个烷基黄药阴离子吸附在颗粒表面后，覆盖的颗粒表面面积约为 $0.28nm^2$。

黄药是由醇、苛性钠、二硫化碳 3 种原料相互作用直接制得的，其化学反应式为：

$$ROH + NaOH = RONa + H_2O$$
$$RONa + CS_2 = ROCSSNa$$

或写成：

$$ROH + NaOH + CS_2 = ROCSSNa + H_2O$$

用不同的醇可制成各种类型的黄药。例如，用乙醇 C_2H_5OH 可制得乙基黄药 $C_2H_5OCSSNa$；用其他的醇，可制得丙基黄药 $C_3H_7OCSSNa$，异丙基黄药 $(CH_3)_2CHOCSSNa$，丁基黄药 $C_4H_9OCSSNa$，异丁基黄药 $(CH_3)_2CHCH_2OCSSNa$；戊基黄药 $C_5H_{11}OCSSNa$，异戊基黄药 $(CH_3)_2CHCH_2CH_2OCSSNa$ 等。

在浮选生产实践中，习惯上将乙基黄药称为低级黄药，其他烃链较长的黄药称为高级黄药。黄药在常温下是淡黄色粉剂，常因含有杂质而颜色较深，密度为 $1300 \sim 1700kg/m^3$，具有刺激性臭味，易溶于水，更易溶于丙酮、乙醇等有机溶剂，可燃烧，使用时常配成质量分数为 1% 的水溶液。黄药的主要化学性质可归纳为以下几方面。

A　黄药在水溶液中的解离和水解

黄药在水溶液中按下式进行解离和水解：

$$ROCSSNa = ROCSS^- + Me^+$$
$$ROCSS^- + H_2O = ROCSSH + OH^-$$

黄原酸 ROCSSH 的解离反应为：

$$ROCSSH = ROCSS^- + H^+$$

若用 X^- 表示 $ROCSS^-$、用 HX 表示 ROCSSH，则黄原酸的解离常数表达式可写为：

$$K_a = c(X^-)c(H^+)/c(HX)$$

不同碳链长度的黄原酸解离常数 K_a 列于表 3-2 中。

表 3-2　不同碳链长度的黄原酸解离常数

碳链中碳原子数目	2	3	4	5
解离常数 K_a	10×10^{-6}	10×10^{-6}	7.9×10^{-6}	1.0×10^{-6}

由表 3-2 中的数据可知，黄原酸是弱酸。设黄药在溶液中的总浓度为 c，则：

$$K_a = c(X^-)c(H^+)/[c - c(X^-)] = c(H^+)[c - c(HX)]/c(HX)$$

故有：

$$c(X^-) = cK_a/[K_a + c(H^+)]$$
$$c(HX) = c(HX)_总 c(H^+)/[K_a + c(H^+)]$$

或：

$$\lg c(X^-) = \lg c + \lg K_a - \lg[K_a + c(H^+)]$$
$$\lg(HX) = \lg c + \lg c(H^+) - \lg[K_a + c(H^+)]$$

借助于上述这些表达式，可以讨论 $c(X^-)$、$c[HX]$ 和 c 同溶液 pH 值的关系。如当 $c(H^+) > K_a$，即溶液的 pH $< -\lg K_a$ 时，有：

$$lg[K_a + c(H^+)] > lg(2K_a) = lg2 + lgK_a$$

或

$$lg[K_a + c(H^+)] < lg[2c(H^+)] = lg2 + lgc(H^+)$$

亦即

$$lgc(X^-) < lgc - lg2$$
$$lgc(HX) > lgc - lg2$$

所以有：

$$lgc(X^-) < lgc(HX)$$

反之，当 $c(H^+) < K_a$，即溶液的 pH $> -lgK_a$ 时，有 $lgc(X^-) > lgc(HX)$；当 $c(H^+) = K_a$，即溶液的 pH $= -lgK_a$ 时，有 $lgc(X^-) = lgc(HX)$。

由上述讨论和表 3-2 中的数据可知，当 pH = 5 时，溶液中乙基黄药离子或丙基黄药离子的浓度与其分子的浓度相等。当 pH>5 时，溶液中相应离子的浓度将大于其分子的浓度，而且随着 pH 值的上升，离子的浓度逐渐增加。反之，当 pH<5 时，溶液中相应分子的浓度将大于其离子的浓度，而且随着 pH 值的下降，分子的浓度逐渐增加。乙基黄药溶液中各组分的浓度与 pH 值的关系如图 3-3 所示。通过作图或计算，可以确定在一定的条件下，矿浆中黄药各组分的浓度。

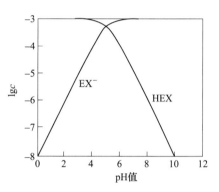

图 3-3 乙基黄药溶液中各组分浓度的对数图

B 黄药的稳定性

黄药本身是还原剂，易被氧化。在 O_2 和 CO_2 同时存在时，黄药的氧化速度比只有 O_2 存在时更快。黄药氧化生成双黄药，其反应式为：

$$4ROCSSNa + O_2 + 2CO_2 \longrightarrow 2(ROCSS)_2 + 2Na_2CO_3$$

在黄药的水溶液中，如存在某些金属阳离子（如铁、铜等过渡元素的高价态阳离子），则黄药也会被它们氧化成双黄药，其氧化反应式为：

$$4ROCSS^- + 2Cu^{2+} \longrightarrow 2ROCSSCu + (ROCSS)_2$$
$$2ROCSS^- + 2Fe^{3+} \longrightarrow 2Fe^{2+} + (ROCSS)_2$$
$$4ROCSS^- + O_2 + 2H_2O \longrightarrow 2(ROCSS)_2 + 4OH^-$$

上述各式中的 $(ROCSS)_2$ 是双黄药，其结构式为：

$$
\begin{array}{ccc}
\text{S} & & \text{S} \\
\| & & \| \\
\text{R—O—C—S—S—C—O—R}
\end{array}
$$

双黄药是一种非离子型的多硫化合物，为黄色油状液体，属于极性捕收剂，难溶于水，在水中呈分子状态存在；当 pH 值升高时，会逐渐分解为黄药；常常在酸性介质中用于浮选氧化铜矿石浸出液通过转换得到的沉淀铜。双黄药的选择性比黄药的好，但捕收能力比黄药的弱。据报道，黄药与双黄药如能控制在适宜比例范围内，可改善浮选效果。

黄药容易分解是它不稳定性的另一种表现。黄药的分解取决于溶液 pH 值的大小，在酸性溶液中，黄原酸是一种性质很不稳定的弱酸，极易分解，pH 值越低，分解越迅速，其分解反应方程式为：

$$ROCSSH \longrightarrow ROH + CS_2$$

黄药分解以后便失去了捕收能力，所以黄药常在碱性矿浆中使用。由于在酸性环境中低级黄药的分解速度比高级黄药的快，所以当浮选必须在酸性介质中进行时，应尽量使用高级黄药。

黄药遇热也容易分解，且温度越高，分解速度越快。为了防止分解，要求将黄药贮存在密闭的容器里，放置在低温的环境中，避免与潮湿空气和水接触；注意防火，且不能曝晒；更不宜长期存放；配制的黄药溶液不能放置过久，也不能使用热水配制。

C 黄药的捕收能力

黄药的捕收能力与其分子中非极性基的烃链长度、异构情况等有密切关系，烃链增长（即碳原子数目增多），捕收能力增强。黄药分子中碳原子数目和捕收能力的关系如图 3-4 所示。

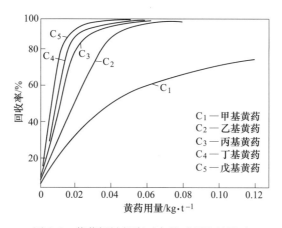

图 3-4 黄药烃链长度对方铅矿浮选的影响

而当烃链过长时，黄药的选择性和溶解度都急剧下降。因此，烃链过长反而会降低黄药的捕收能力，常用的黄药烃链中碳原子数目为 2~5 个。非极性基的结构对药剂捕收能力的影响体现在：短烃链的黄药，正构体的捕收能力没有异构体的强；但烃链增长到一定程度（比如其中的碳原子数目超过 5 个）后，则异构体的捕收能力没有正构体的强，特别是支链靠近极性基者尤为明显。

D 黄药的选择性

黄药在固体颗粒表面吸附的选择性及吸附固着强度与非极性基的性质有关，而且与极性基，尤其是极性基中活性硫离子（负 2 价）的关系更为密切。极性基中活性硫离子的半径大（0.184nm），极化率高，因此容易与一些具有较强极化力、本身又容易被极化变形的金属阳离子（例如重金属离子、贵金属离子等）结合，并形成比较牢固的化学键。

黄药与碱土金属离子（如 Ca^{2+}、Mg^{2+}、Ba^{2+} 等）结合生成的黄原酸盐易溶于水。正是由于碱土金属黄原酸盐的溶解度很大，黄药在由碱土金属离子组成的矿物（如方解石 $CaCO_3$、萤石 CaF_2、重晶石 $BaSO_4$）表面上不能形成牢固的吸附膜，因此黄药对这类矿物没有捕收作用。浮选实践也已证实，黄药对有色金属硫化矿中的脉石矿物（如石英、方解石、白云石等）无捕收作用。

黄药能与许多重金属离子、贵金属离子结合生成难溶性的化合物，一些金属黄原酸盐的溶度积见表3-3。

表3-3　一些金属黄原酸盐和二硫代磷酸盐的溶度积

金属	乙基黄原酸盐	丁基黄原酸盐	二乙基二硫代磷酸盐
Au	6.0×10^{-30}	4.8×10^{-31}	
Cu	5.2×10^{-20}	4.7×10^{-20}	5.0×10^{-17}
Hg	1.5×10^{-38}	1.4×10^{-40}	1.15×10^{-32}
Ag	8.5×10^{-19}	5.4×10^{-20}	1.3×10^{-16}
Pb	1.7×10^{-17}	—	7.5×10^{-12}
Cd	2.6×10^{-14}	2.08×10^{-16}	1.5×10^{-10}
Co	5.6×10^{-13}	—	
Zn	4.9×10^{-9}	3.7×10^{-11}	1.5×10^{-2}
Fe	8.0×10^{-8}	—	
Mn	$>10^{-2}$	—	

根据表3-3中的数据，各种金属基于与黄药生成的金属黄原酸盐难溶的顺序，按溶度积大小可大致排列为：

第1类：汞、金、铋、锑、铜、铅、钴、镍（溶度积小于10^{-10}）。

第2类：锌、铁、锰（溶度积小于10^{-2}）。

E　黄药酯

黄药酯的学名为黄原酸酯，其通式为ROCSSR′。黄药酯是黄药中的碱金属被烃基取代后生成的，可看作是黄药的衍生物。这类捕收剂属于非离子型极性捕收剂，它们在水中的溶解度都很低，大部分呈油状，对铜、锌、钼等金属的硫化物矿物以及沉淀铜、离析铜等具有较高的浮选活性，属于高选择性的捕收剂。黄药酯的突出优点是：即使在低pH值的条件下，也能用于浮选某些硫化物矿物。

3.2.2.2　黑药类捕收剂

黑药也是硫化物矿物浮选的常用捕收剂之一，其结构式为：

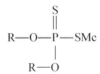

其中，R是芳香基或烷基，如苯酚、甲酚、苯胺、甲基胺、环己氨基、乙基、丁基等；Me代表阳离子，为H^+时称为酸式黑药，为K^+时称为钾黑药，为Na^+时称为钠黑药，为NH_4^+时称为胺黑药。

黑药可视为磷酸（盐）的衍生物，其学名为二烃基二硫代磷酸盐，由醇和五硫化二磷反应制得，其反应方程式为：

$$4ROH + P_2S_5 \longrightarrow 2(RO)_2PSSH + H_2S \uparrow$$

酸式产物（$(RO)_2PSSH$）为油状黑色液体，中和生成钠或铵盐时，可制成水溶液或固体产品。黑药的捕收能力比黄药弱，同一金属离子的二烃基二硫代磷酸盐的溶度积均比相应的黄原酸盐的大（见表3-3）。此外，黑药还具有一定的起泡性。黑药和黄药相同，也是弱电解质，在水中发生如下解离反应：

$$(RO)_2PSSH \longrightarrow (RO)_2PSS^- + H^+$$

但黑药比黄药稳定，在酸性的溶液环境中，不会像黄药那样易分解。此外，黑药比较难氧化，但在有 Cu^{2+}、Fe^{3+} 或黄铁矿、辉铜矿存在时，也能氧化成双黑药，其反应方程式为：

$$2(RO)_2PSS^- - 2e^- \longrightarrow (RO)_2PSS—SSP(OR)_2$$

双黑药也是一种难溶于水的非离子型捕收剂，大多数为油状物，性质稳定，可作为硫化物矿物的捕收剂，也适用于沉积金属的浮选。黑药的选择性较黄药好，且在酸性矿浆中不易分解。因此，必须在酸性环境中浮选硫化矿时，可选用黑药。工业生产中常用的黑药有甲酚黑药、丁铵黑药、胺黑药和环烷黑药等。

甲酚黑药的化学式为 $(C_6H_4CH_3O)_2PSSH$，常见的牌号有 25 号黑药、15 号黑药和 31 号黑药。25 号是指在生产配料中加入 25% 的 P_2S_5 生产出的甲酚黑药；加入 15% 的 P_2S_5 生产出的甲酚黑药则称为 15 号黑药，由于 15 号黑药中残存的游离甲酚较多，所以其起泡性能强，捕收能力弱；31 号黑药则是在 25 号黑药中加入 6% 的白药而制得的一种混合物。因 25 号黑药的起泡性较弱，而捕收能力较强，所以是目前最常用的一种甲酚黑药。

甲酚黑药在常温下为黑褐色或暗绿色黏稠液体，密度约为 $1200kg/m^3$，有硫化氢气味，易燃，微溶于水。由于其中含未起反应的甲酚，故有一定的起泡性，对皮肤有腐蚀作用，与氧气接触易氧化而失效。甲酚黑药使用时，常将其加入球磨机内以增加搅拌时间，从而促进药剂在矿浆中的分散。

丁铵黑药的学名为二丁基二硫代磷酸铵，化学分子式为 $(C_4H_9O)_2PSSNH_4$，呈白色粉末状，易溶于水，潮解后变黑，具有一定的起泡性，适用于铜、铅、锌、镍等金属的硫化物矿物的浮选。其在弱碱性矿浆中对黄铁矿和磁黄铁矿的捕收能力较弱，对方铅矿的捕收能力较强。

胺黑药的化学式为 $(RNH)_2PSSH$，其结构与黑药类似，是由 P_2S_5 与相应的胺合成的产物，如苯胺黑药、甲苯胺黑药和环己胺黑药等，它们均为白色粉末，有硫化氢气味，不溶于水，可溶于酒精和稀碱溶液中。使用时一般用 1% 的 Na_2CO_3 溶液配成胺黑药的质量分数为 0.5% 的溶液添加。胺黑药对光和热较敏感，其稳定性差、易变质失效。胺黑药对硫化铅矿物的捕收能力较强，选择性较好，泡沫不黏，但用量稍大。

环烷黑药是环烷酸和 P_2S_5 的反应产物，不溶于水，可溶于酒精，对锆石和锡石有一定的捕收作用，且兼有起泡性。

3.2.2.3 硫氮类捕收剂

硫氮类捕收剂是二乙胺或二丁胺与二硫化碳、氢氧化钠反应生成的化合物，其结构式为：

$$\begin{array}{cccccc} & C_2H_5 & S & & & \\ & | & || & & & \\ C_2H_5 & -N & -C & -SNa & & \end{array}$$

$$\begin{array}{cccccc} & C_4H_9 & S & & & \\ & | & || & & & \\ C_4H_9 & -N & -C & -SNa & & \end{array}$$

二乙基氨基二硫代甲酸钠 [乙硫氮(SN-9)]　　　　　二丁基氨基二硫代甲酸钠 [丁硫氮(SN-10)]

乙硫氮是白色粉剂，因反应时有少量黄药产生，所以工业品常呈淡黄色，易溶于水，在酸性介质中容易分解。乙硫氮也能与重金属离子生成不溶性沉淀，其捕收能力较黄药强。乙硫氮对方铅矿、黄铜矿的捕收能力较强，对黄铁矿的捕收能力较弱，选择性好，浮选速度快，用量比黄药少，并且对硫化物矿物的粗粒连生体有较强的捕收能力。铜、铅硫化物矿石分选时，使用乙硫氮作捕收剂，能够获得比用黄药更好的分选效果。

3.2.2.4　硫氨酯

硫氨酯是目前国内外广泛研究和应用的一类非离子型极性捕收剂，其结构通式为：

$$\begin{array}{c} S \\ || \\ R-O-C-NH-R' \end{array}$$

其极性基中的活性原子为 S 和 N，当硫氨酯与矿物颗粒表面发生作用时，主要是通过 S、N 与颗粒表面的金属离子结合。国内应用较多的硫氨酯是丙乙硫氨酯，其结构式为：

$$\begin{array}{ccccc} CH_3 & & S & & \\ | & & || & & \\ CH_3-CH-O-C-NH-C_2H_5 & & & & \end{array}$$

这种药剂的学名为 O-丙基-N-乙基硫代氨基甲酸酯，国内的商品名称为 200 号，美国牌号为 Z-200。丙乙硫氨酯是用异丙基黄药与一氯醋酸（一氯甲烷）和乙胺反应制得的产品，呈琥珀色，是微溶于水的油状液体，使用时可直接加入搅拌槽或浮选机中。丙乙硫氨酯的化学性质比较稳定，不易分解变质，是一种选择性良好的硫化物矿物捕收剂，对黄铜矿、辉钼矿和活化的闪锌矿的捕收作用较强。它不能浮选黄铁矿，所以适用于黄铜矿与黄铁矿的浮选分离，可减少抑制黄铁矿所需的石灰用量。生产实践表明，由于硫氨酯对黄铁矿的捕收能力很弱，用它作捕收剂时，即使在较低的矿浆 pH 值条件下，黄铁矿也不能很好地上浮。通常情况下，硫氨酯的用量仅为丁基黄药的 1/4～1/3。

3.2.2.5　硫醇类捕收剂

硫醇类捕收剂包括硫醇及其衍生物，其通式为 RSH。硫醇和硫酚都是硫化物矿物的优良捕收剂，例如十二烷基硫醇对于硫化物矿物具有较强的捕收能力，只是选择性比较差。同时，由于硫醇具有臭味，价格也相对较贵且难溶于水，因此在生产中应用硫醇的情况并不多见，使用较多的是硫醇的衍生物，如噻唑硫醇和咪唑硫醇等。苯骈噻唑硫醇（巯基苯骈噻唑，MBT）是黄色粉末，不溶于水，可溶于乙醇、氢氧化钠或碳酸钠的溶液中，其钠盐可溶于水，称为卡普耐克斯（Capnex），工业上较常用。在生产实践中，苯骈噻唑硫醇多与黄药或黑药配合使用，且用量一般较小。

苯骈噻唑硫醇用于浮选白铅矿（$PbCO_3$）时，可以不经预先硫化，所得结果与黄药-硫化钠法相近。浮选硫化物矿物时，对方铅矿的捕收能力最强，对闪锌矿的捕收能力较差，对黄铁矿的捕收能力最弱。另一种硫醇类捕收剂是苯骈咪唑硫醇（N-苯基-2-巯基苯骈咪唑），它是一种白色固体粉末，难溶于水、苯和乙醚，易溶于热碱（如氢氧化钠、硫化钠）溶液和热醋酸。苯骈咪唑硫醇可用于浮选氧化铜矿物（主要是硅酸铜和碳酸铜）和难选硫化铜矿物，对金也有一定的捕收作用，可单独使用，也可与黄药混合使用。

3.2.2.6 白药

白药的学名是硫代二苯脲，白药也是金属硫化物矿物浮选中的有效捕收剂。白药是一种微溶于水的白色粉末，其结构式为：

$$C_6H_5—NH—\overset{\overset{\textstyle S}{\|}}{C}—NH—C_6H_5$$

白药对方铅矿的捕收能力较强，对黄铁矿的捕收能力较弱，选择性好，但浮选速度相对较慢。实践中将白药溶于苯胺（加入 10%~20% 的邻甲苯胺溶液配制而成，通常称为 T-T 混合液），但由于成本高，使用不方便，目前工业上应用不多。

另一种白药是丙烯异白药，学名为 S-丙烯基异硫脲盐酸盐，为无色结晶，易溶于水，捕收能力比丁基黄药差，主要特点是选择性好。丙烯异白药对自然金和硫化铜矿物，甚至受到一定程度氧化的硫化铜矿物都有较强的捕收能力，但对黄铁矿的捕收能力很弱。需要注意的是，丙烯异白药需要在碱性条件下使用才能有效发挥捕收作用。

3.2.3 黄药类捕收剂的作用机理

黄药作为硫化物矿物的有效捕收剂，从 1925 年被发现至今的 90 多年中，对该类捕收剂与硫化物矿物的作用机理，做过大量的研究工作，认识逐渐深化。

在 20 世纪 50 年代之前，曾提出了"化学假说"和"吸附假说"的作用原理。化学假说认为，黄药与硫化物矿物颗粒表面发生化学反应，反应产物的溶度积越小，反应越易发生。吸附假说则认为吸附是主要作用，其中的一种看法认为是"离子交换吸附"，即黄原酸离子与矿物颗粒表面的离子发生交换吸附；另一种看法认为是"分子吸附"，即黄原酸分子在矿物颗粒表面吸附。这些假说，从某一侧面解释了捕收剂与硫化物矿物的作用机理和硫化矿浮选的规律，但不能从根本上说明黄药浮选硫化物矿物时，氧气为什么是一种必须物质。

从 20 世纪 50 年代开始，围绕着氧在黄药浮选硫化物矿物过程中所起的作用进行了深入的研究，提出了硫化矿浮选的半氧化学说，即硫化物矿物易氧化，颗粒表面的适度轻微氧化对浮选有利；而完全没有氧化的硫化物矿物颗粒表面不能与黄药作用，从而不能浮选；当然，严重氧化的颗粒表面同样不能浮选。与此同时，还有人提出半导体学说，指出硫化物矿物是一种半导体，对捕收剂阴离子的吸附活性取决于半导体的性质。20 世纪 70 年代，又提出了硫化物矿物浮选的电化学理论。半氧化学说、半导体学说和电化学理论的提出，都是基于硫化物矿物具有半导体性质和硫化物矿物浮选体系中的氧化还原性质，它们在本质上是一致的。因此硫化物矿物浮选的电化学理论，目前被认为是能够比较全面地反映黄药类捕收剂与硫化物矿物的作用机理。

黄药类捕收剂与硫化物矿物作用的电化学理论认为，硫化物矿物与捕收剂的作用为电化学反应，矿物颗粒表面在捕收剂溶液中进行着相互独立又相互依存的两电极反应过程。

由于硫化物矿物具有导体或半导体性质，故有一定的传导电子的能力。因此，在浮选过程中，当黄药类捕收剂与硫化物矿物颗粒表面接触时，捕收剂在颗粒表面的阳极区被氧化，即阳极反应过程是由捕收剂转移电子到硫化物矿物或硫化物矿物直接参与阳极反应而产生疏水物质。同时，氧化剂在阴极区被还原，即阴极反应过程为液相中的氧气从颗粒表面接受电子而被还原。如果用 MeS 表示硫化物矿物，用 X^- 表示黄药类捕收剂的阴离子，则硫化物矿物与黄药类捕收剂的作用，可用电化学反应表示，其中的阴极反应为氧气还原：

$$O_2 + 2H_2O + 4e^- \longrightarrow 4OH^-$$

阳极反应为黄药类捕收剂阴离子向颗粒表面转移电子或者为硫化物矿物颗粒表面直接参与阳极反应形成疏水物质，其中包括黄药类捕收剂离子的电化学吸附：

$$X^- \longrightarrow X_{吸附} + e^-$$

黄药类捕收剂与硫化物矿物反应生成捕收剂金属盐：

$$MeS + 2X^- \longrightarrow MeX_2 + S + 2e^-$$

或者

$$MeS + 2X^- + 4H_2O \longrightarrow MeX_2 + SO_4^{2-} + 8H^+ + 8e^-$$

黄药类捕收剂在硫化物矿物颗粒表面氧化为二聚物：

$$2X^- \longrightarrow X_{2(吸附)} + 2e^-$$

阴极反应式和阳极反应式相互包含，可以组成黄药类捕收剂与硫化物反应的 4 种形式：

$$4X^- + O_2 + 2H_2O \longrightarrow 4X_{吸附} + 4OH^-$$

$$2MeS + 4X^- + O_2 + 2H_2O \longrightarrow 2MeX_2 + 2S + 4OH^-$$

$$MeS + 2X^- + 2O_2 \longrightarrow MeX_2 + SO_4^{2-}$$

$$4X^- + O_2 + 2H_2O \longrightarrow 2X_2 + 4OH^-$$

电化学机理表明，黄药类捕收剂与硫化物矿物作用可能出现的疏水产物有 3 种，即 $X_{吸附}$、MeX 和 X_2，同时也解释了了在浮选过程中氧气的作用。

对于硫化物矿物浮选体系来说，阴极反应只有 1 个，即氧的还原，而阳极反应有 4 个。对于特定的捕收剂-硫化物矿物体系，其平衡电位不同，平衡电位小的阳极反应优先发生。在硫化物矿物浮选体系中，阳极反应平衡电位的一般顺序是 $E_{X吸附} < E_{MeX_2} < E_{X_2}$。即在较小的电位下发生捕收剂离子的电化学吸附或生成捕收剂金属盐的阳极反应，而在较大的电位下发生捕收剂氧化为二聚物的阳极反应。

在黄药类捕收剂与硫化物矿物的反应中，矿物颗粒（电极）本身亦可参加反应，其典型例子是黄药在方铅矿颗粒表面发生的氧化反应，即

$$2PbS + 4X^- + O_2 + 4H^+ \longrightarrow 2PbX_2 + 2S + 2H_2O$$

该反应由两个独立的共轭电极反应组成，通过方铅矿传递电子而联系起来，即阳极氧化：

$$PbS + 2X^- \longrightarrow PbX_2 + S + 2e^-$$

阴极还原：

$$O_2 + 4H^+ + 4e^- \longrightarrow 2H_2O$$

在固体表面上的产物除黄原酸铅外，还有元素硫 S 生成，两者都是方铅矿颗粒表面的疏水性产物。如硫进一步适度氧化成 $S_2O_3^{2-}$ 和 SO_4^-，则颗粒表面的疏水性产物仅为黄原酸铅，$S_2O_3^{2-}$ 和 SO_4^- 进入溶液。其化学反应式为：

$$2PbS + 4X^- + 3H_2O \longrightarrow 2PbX_2 + S_2O_3^{2-} + 6H^+ + 8e^-$$

$$PbS + 2X^- + 4H_2O \longrightarrow PbX_2 + SO_4^{2-} + 8H^+ + 8e^-$$

如果方铅矿表面过分氧化，在与黄药阴离子作用生成黄原酸铅的同时，生成大量的、易溶的 $PbSO_4$，这将使黄原酸铅从颗粒表面脱落。所以过分氧化后，方铅矿的可浮性会下降。在黄药类捕收剂与硫化物矿物的反应中，黄药在矿物颗粒表面亦被氧化为二聚物即双黄药。典型的例子是黄药在黄铁矿表面的氧化，其反应式为：

$$4X^- + O_2 + 4H^+ \longrightarrow 2X_{2(吸附)} + 2H_2O$$

该反应由发生在界面上不同区域的两个独立的共轭电极所组成，即阳极氧化：

$$2X^- \longrightarrow X_2 + 2e^-$$

阴极还原：

$$O_2 + 4H^+ + 4e^- \longrightarrow 2H_2O$$

由于黄铁矿具有一定的传导电子的能力，对上述反应有催化作用，因此上述氧化还原反应常形象地表示为：

$$FeS_2 \; 4e^- \diagup \!\!\!\!\! \diagdown \begin{array}{l} 4e^- + 2X_2 \longleftarrow 4X^- \\ 4e^- + O_2 + 4H^+ \longrightarrow 2H_2O \end{array}$$

可见，氧对黄药与黄铁矿作用的电化学机理同方铅矿的不同，在两个相互依存的电极反应过程中，主要是黄药在黄铁矿颗粒表面发生氧化反应，生成疏水性产物双黄药后再吸附在黄铁矿颗粒表面上，使之疏水。而在方铅矿颗粒的表面，则主要是晶格硫原子发生氧化反应，生成的疏水产物是溶度积很小的黄原酸铅及硫，吸附在颗粒表面使之疏水。

黄铁矿之所以能使黄药阴离子氧化成双黄药，主要是由于黄铁矿的残余电位大于黄药氧化的可逆电位。这里所谓的残余电位是硫化物矿物在黄药类捕收剂溶液中的界面电位 E_{MeS}。一些矿物的残余电位与产物的关系见表3-4。

表3-4 在乙基黄药溶液中一些矿物的残余电位与反应产物

矿物	残余电位/V	反应产物	矿物	残余电位/V	反应产物
方铅矿	0.06	MeX_2	硫锰矿	0.15	X_2
辉铜矿	0.06	MeX_2	辉钼矿	0.16	X_2
斑铜矿	0.06	MeX_2	磁黄铁矿	0.21	X_2
铜蓝	0.05	X_2	砷黄铁矿	0.22	X_2
黄铜矿	0.14	X_2	黄铁矿	0.22	X_2

注：乙基黄原酸阴离子的浓度 $c(X^-) = 6.25 \times 10^{-4} mol/L$，$pH = 7$。

氧化成双黄药的可逆电位 $F_{X^-/X_2} = 0.13$。

在溶液中，双黄药（X_2）的还原反应式为：

$$X_2 + 2e^- \longrightarrow 2X^-$$

所以，双黄药的还原电位（E）可由能斯特公式求出，即

$$E = E_0 - RT\ln[c(X^-)^2/c(X_2)]/(nF) \qquad (3-1)$$

式中 E_0——反应的标准电位，即氧化态和还原态物质活度相等时的电位。

对于乙基黄药，其平均数据为 $E_0 = -0.06V$，假定乙基黄药的浓度为 6.25×10^{-4}，在 $25\,℃$、$pH = 7$ 的条件下，将上述数据及常数代入能斯特公式，得双黄药的还原电位为：

$$E = -0.06 - 8.314 \times 298\ln\left[(6.25 \times 10^{-4})^2/1\right]/(2 \times 96500) = 0.13V$$

由表 3-4 中的数据可以看出，通常情况下，黄药只在那些硫化物矿物的残余电位大于其二聚物生成的平衡电位（即 $E_{MeS} > E_{X^-/X_2}$）时，才被氧化成二聚物；而对于那些残余电位低于其二聚物生成的平衡电位的硫化物矿物，则硫化物矿物与黄药作用的产物为捕收剂金属盐（MeX_2）。然而铜蓝是一个例外，这可能是由铜蓝所释放出来的 Cu^{2+} 将黄原酸离子氧化成双黄药所致。

硫化物矿物与捕收剂作用的产物，不仅与矿物自身有关，而且还取决于所采用的捕收剂种类。比如，黄铜矿用乙基黄药为捕收剂时表面反应产物是双黄药，而用乙硫氮为捕收剂时，表面产物是二乙基二硫代氨基甲酸铜（见表 3-5）。

表 3-5　在乙硫氮溶液中硫化物矿物残余电位与反应产物

矿物	残余电位/V	反应产物	矿物	残余电位/V	反应产物
黄铁矿	0.475	二聚物	方铅矿	-0.035	捕收剂金属盐
辉铜矿	-0.155	捕收剂金属盐	斑铜矿	-0.045	捕收剂金属盐
黄铜矿	0.095	捕收剂金属盐	铜蓝	0.115	捕收剂金属盐

注：乙硫氮的浓度为 $1g/L$，$pH = 7$，$E = 0.178V$。

在黑药-黄铁矿体系中，黄铁矿对黑药氧化成双黑药起着催化作用，在 $pH \leqslant 4$ 时，容易形成乙基双黑药；当 $pH > 6$ 时，则不能形成双黑药。用黑药浮选黄铁矿时，双黑药是起作用的组分，因此，黑药能否形成双黑药对黄铁矿浮选是至关重要的。当矿浆的 $pH > 6$ 时，即使黑药的浓度较高，黄铁矿仍不会黏附于气泡，这是由于在此条件下双黑药不稳定，形成的数量不足。

硫化物矿物的无捕收剂浮选工艺，正是基于浮选电化学理论而提出的。前已述及，在浮选矿浆中，硫化物矿物颗粒的表面可以发生一系列氧化还原反应，每个氧化还原反应都由各自的阳极氧化反应和阴极还原反应所组成，每个反应都有各自的电极电位。当这些电位达到平衡时，溶液便出现一个"平衡电位"（或称混合电位）。在一定的平衡电位下，各氧化还原反应都将以有限的速度进行。

在浮选矿浆中，一般把用铂电极作指示电极测得的"平衡电位"（相对于标准氢电极的铂电极电位）称为"矿浆电位"，用 E_h 表示。如果矿浆的电位改变，则可使颗粒表面和溶液中的氧化还原反应速度发生变化，某些反应甚至停止。因此，通过改变矿浆的电位，就可以控制颗粒表面氧化还原反应的产物，例如，在一定条件下，使颗粒表面形成具有大然可浮性的硫，所以矿浆电位对浮选会产生显著的影响。基于这一事实，通过调节矿浆电位就可以调控硫化物矿物颗粒表面的氧化还原性质，使其表面形成疏水物质，改变其可浮性，实现无捕收剂浮选。

无捕收剂浮选就是当表面纯净的硫化物矿物浮选时，在适当的矿浆电位下，不添加任何捕收剂，硫化物矿物就能很好地上浮。图 3-5 是黄铜矿和方铅矿无捕收剂浮选与矿浆电位关系的一个典型例子。

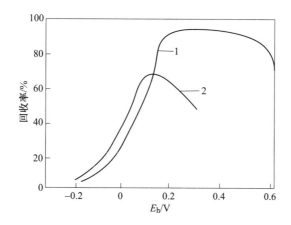

图 3-5 黄铜矿和方铅矿无捕收剂浮选与矿浆电位的关系

1—黄铜矿，pH=8~11；2—方铅矿，瓷球磨加 Na_2S，pH=8

图 3-5 表明，在一定的矿浆电位下，黄铜矿和方铅矿均可实现无捕收剂浮选，而在过低或过高的矿浆电位下，两种矿物均被抑制。在有黄药的体系中，电位同样会对浮选过程产生显著影响。

图 3-6 是几种硫化铜矿物和黄铁矿的可浮性与矿浆电位的关系，所采用的试验条件为：调浆 10min，浮选 2min，pH=9.2。浮选辉铜矿时，乙基黄药的浓度为 $1.44×10^{-4}mol/L$；浮选斑铜矿、黄铜矿、黄铁矿时，乙基黄药的浓度为 $2×10^{-5}mol/L$。

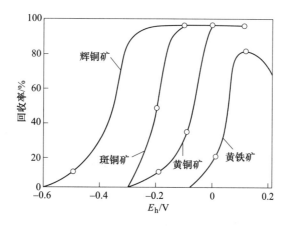

图 3-6 几种硫化铜矿物和黄铁矿的可浮性与矿浆电位的关系

利用硫化物矿物-黄药-氧体系的电位-pH 图，可以很好地解释硫化物矿物在相应的矿浆电位下易浮的原因。例如，图 3-7 表明了在方铅矿-乙基黄药-氧体系中，颗粒与气泡附着同矿浆电位的关系；而图 3-8 是辉铜矿-乙基黄药-氧体系图，它表明在适宜的矿浆电位和 pH 值条件下，稳定的表面产物是金属黄原酸盐，从而使颗粒表面疏水易浮。

3.2.4 有机酸类捕收剂和胺类捕收剂

有机酸类捕收剂和胺类捕收剂的特征是疏水基的相对分子质量较大，极性基中分别含有氧原子和氮原子。常用的有机酸类捕收剂多为阴离子型，常用的胺类捕收剂多为阳离子型。

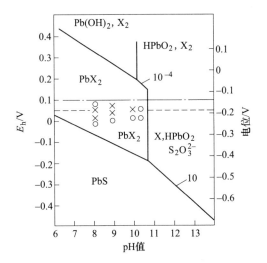

图 3-7 方铅矿-乙基黄药-氧体系的电化学相位图

X—乙基黄原酸盐；PbS 与 PbX$_2$ 的交线—硫代硫酸盐的生成反应；

短划线—PbX$_2$ 和 S 的生成；点划线—双黄药的生成；○—与气泡接触弱；×—与气泡接触强

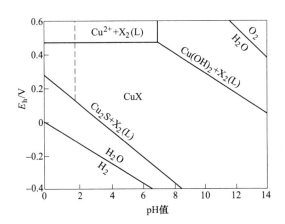

图 3-8 Cu$_2$S、CuX、Cu(OH)$_2$ 和 X$_2$(L) 的稳定性关系

（溶解硫的活度为 $1×10^{-4}$；Cu^{2+} 的活度为 $1×10^{-4}$；X$_2$(L) 的活度为 $1.3×10^{-5}$）

3.2.4.1 有机酸类捕收剂

有机酸类捕收剂可大致分为羧酸（盐）类、磺酸（盐）类、硫酸酯类、肿酸类、膦酸类、羟肟酸类，其中应用最广泛的是脂肪酸及其盐类。

A 脂肪酸及其皂的物质组成与结构

脂肪酸及其皂类捕收剂的通式为 R—COOH(Na 或 K)，其结构式为：

$$
\begin{array}{c}
O \\
\parallel \\
R—C—OH(Na,\ K)
\end{array}
$$

当—COOH 中的 H$^+$ 被 Na$^+$ 或 K$^+$ 取代时则称之为钠皂或钾皂，通常使用的是钠皂。其根据羧基的数目可分为一元羧酸、二元羧酸或多元羧酸，用作捕收剂的主要是一元羧酸。二元羧酸或多元羧酸因含有两个或多个羧基，水化性较强，所以多用作抑制剂（如草酸、酒石酸、柠檬酸等）。

—COO⁻是脂肪酸类捕收剂的亲固基，其结构如图 3-9 所示。中心原子是碳原子，两个碳氧键的交角为 124°。

B 脂肪酸的解离与 pH 值的关系

在含氧酸类捕收剂中，除磺酸盐（$pK_a = 1.5$）属强酸外，其他一般均属弱酸，在水溶液中他们可以发生水解和解离，一部分呈离子，一部分呈分子，也有一部分呈二聚物。脂肪酸在水溶液中可以按如下的反应解离为羧酸阴离子和氢离子：

$$RCOOH \Longrightarrow RCOO^- + H^+$$

解离常数 K_a 为：

$$K_a = c(RCOO^-)c(H^+)/c(RCOOH)$$

式中，K_a 一般随烃链的增长而减小，为 $10^{-4} \sim 10^{-5}$。

油酸溶液中各组分的浓度如图 3-10 所示，R⁻ 代表油酸离子 $C_{17}H_{33}COO^-$，RH 代表油酸分子 $C_{17}H_{33}COOH$，R_2H^- 代表 $(C_{17}H_{33}COO)_2H^-$，称为"酸-皂"二聚物；R_2^{2-} 代表 $(C_{17}H_{33}COO)_2^{2-}$，称为离子二聚物。

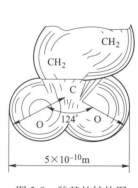

图 3-9 羧基的结构图

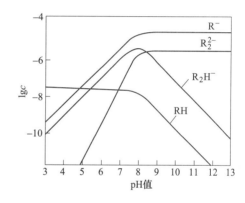

图 3-10 油酸溶液中各组分的浓度与 pH 值的关系

图 3-10 中的曲线表明，在酸性介质中油酸以分子状态存在，而在碱性介质中其主要以离子状态存在，在中性及弱碱性介质中则其有效成分 R_2H^- 和 R_2^{2-} 的浓度较高，浮选效果较好；在强碱性介质中，其有效成分 R_2H^- 的浓度将急剧下降。

C 脂肪酸的熔点和溶解度

脂肪酸的熔点与分子的不饱和程度和烃基的长度有关，不饱和脂肪酸和相应的饱和脂肪酸相比，其熔点低，对浮选温度敏感性差，化学活性大，凝固点低，捕收能力强。因此，浮选生产中多使用相对分子质量大的不饱和脂肪酸及其皂（如油酸钠）。

脂肪酸在水中的溶解度与烃链长度和温度有密切关系，几种常见的脂肪酸的溶解度见表 3-6。从表 3-6 中可以看出，长烃链脂肪酸难溶于水，故使用前需将脂肪酸溶于煤油或其他有机溶剂；或用超声波进行乳化处理。生产中常通过加碱皂化使之成为脂肪酸皂，以提高其在水中的溶解度。使用脂肪酸类捕收剂时，提高浮选矿浆的温度，是改善分选指标的有效措施之一。

表 3-6　脂肪酸在水中的溶解度　　　　　　　　（g/100g 水）

脂肪酸	溶解度		脂肪酸	溶解度	
	20℃	60℃		20℃	60℃
癸酸	0.015	0.027	十五酸	0.0012	0.0020
十一酸	0.0039	0.015	棕榈酸	0.00072	0.0012
月桂酸	0.0035	0.087	十七酸	0.00042	0.00081
十三酸	0.0033	0.054	硬质酸	0.00029	0.00050
豆蔻酸	0.0020	0.034			

D　脂肪酸及其皂的捕收能力

脂肪酸的捕收能力比黄药低，主要原因可以认为是其亲固基中存在一个羧基，从而造成亲固基有较大的极性，与水的作用能力较强，它的离子或分子固着于固体表面时，当烃基较短时不足以消除固体表面的亲水性。实践证明，脂肪酸类捕收剂的烃链中含 12~17 个碳原子时，才有足够的捕收能力。脂肪酸的烃链长度对其捕收性能的影响如图 3-11 所示。

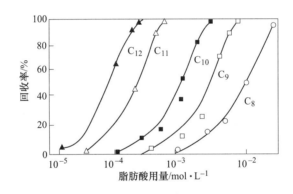

图 3-11　方解石的回收率与脂肪酸烃链中碳原子数目的关系

对正构饱和烷基同系物的研究表明，在一定范围内，烃链中碳原子数目增加，其捕收能力提高，但烃链过长，会因溶解度降低而在矿浆中分散不好，导致其捕收能力下降。另外，随着烃链增长，烃链之间的相互作用逐渐增加，其捕收能力也相应提高，但选择性却随之下降。脂肪酸的捕收能力与烃基的不饱和程度也有一定的关系。碳原子数目相同的烃基，不饱和程度越高（即烃基中的双键数目越多），捕收能力越强。这是因为不饱和程度越高，越易溶解，临界胶束浓度也越大。

E　极性基及其捕收能力

脂肪酸及其皂与碱土金属阳离子（Ca^{2+}、Mg^{2+}、Ba^{2+} 等）有很强的化学亲和力，能形成溶度积很小的化合物（见表 3-7）。在生产实践中，脂肪酸被广泛用于浮选萤石、方解石、白云石、磷灰石、菱镁矿、白钨矿等，还可用于浮选被 Ca^{2+}、Mg^{2+}、Ba^{2+} 等活化后的硅酸盐矿物。

表 3-7　各种脂肪酸盐的溶度积（负对数）

脂肪酸种类	Mg^{2+}	Ca^{2+}	Ba^{2+}	Ag^+	Cu^{2+}	Zn^{2+}
$C_{15}H_{31}COO^-$	14.3	15.8	15.4	11.1	19.4	18.5
$C_{17}H_{33}COO^-$	15.5	17.4	16.9	12.0	20.8	20.0
脂肪酸种类	Cd^{2+}	Pb^{2+}	Mn^{2+}	Fe^{2+}	Al^{3+}	Fe^{3+}
$C_{15}H_{31}COO^-$	18.0	20.1	16.2	15.6	27.9	31.0
$C_{17}H_{33}COO^-$	22.2	17.5	17.4	30.3		

由表 3-7 可以看出，脂肪酸及其皂类与大多数金属离子的化学亲和力很强，所形成的脂肪酸盐的溶度积很小，所以这类捕收剂常用于浮选赤铁矿、菱铁矿、褐铁矿、软锰矿、金红石、钛铁矿、黑钨矿、锡石、一水铝石等；也用于浮选含钙、铁、锂、铍、锆等金属的硅酸盐矿物（如绿柱石、锂辉石、锆石、钙铁石榴石、电气石等）。

应该说明的是，尽管脂肪酸类捕收剂也可用于浮选孔雀石、蓝铜矿、白铅矿、菱锌矿等，但在浮选过程中，与这些矿物伴生的脉石矿物会同时被浮起，从而使过程失去选择性，所以实践中很少采用。

另外，由于脂肪酸类捕收剂具有很活泼的羧基，对各种金属都有明显的捕收作用，选择性很差，因此不易获得高质量的疏水性产物。

脂肪酸及其皂类对硬水很敏感，需配合使用碳酸钠，一方面可消除 Ca^{2+}、Mg^{2+} 的有害影响，另一方面还可调整矿浆的 pH 值；有时还与水玻璃配合使用，抑制硅酸盐矿物，以提高选择性。

此外，脂肪酸及其皂类兼具起泡性，需要严格控制用量。当物料中微细粒级部分的含量大时，使用脂肪酸类捕收剂会导致泡沫过黏，使浮选过程操作困难。

F　常用的脂肪酸类捕收剂

生产中常用的脂肪酸类捕收剂有如下 6 种：油酸及油酸钠、氧化石蜡皂和氧化煤油、塔尔油及其皂、烃基磺酸（盐）、烃基硫酸盐、羟肟酸类捕收剂。

油酸及油酸钠（$C_{17}H_{33}COOH$ 及 $C_{17}H_{33}COONa$）：油酸分子中有一个双键，是天然不饱和脂肪酸中存在最广泛的一种，可从动植物油脂中水解得到。纯油酸为无色油状液体，难溶于水，冷却得到针状结晶，熔点为 14℃，密度为 895kg/m^3。工业用油酸多为脂肪酸的混合物，其成分以油酸为主，还含有豆油酸、亚麻油酸等不饱和酸。油酸不易溶解和分散，常需皂化或乳化使用，其皂化后易溶于水，水溶液呈碱性。

氧化石蜡皂和氧化煤油：氧化石蜡皂是用石油炼制过程的副产物（含 15~40 个碳原子的饱和烃类混合物）作原料，在 150~170℃下，以空气为氧化剂，高锰酸钾为催化剂进行氧化加工及皂化而制得的。氧化石蜡皂由脂肪酸、未被氧化的烷烃或煤油和不皂化物等三部分组成。其中脂肪酸是起捕收作用的主要成分，碳链长度随原料和氧化深度而定，其中饱和酸占 80%，羟基酸占 5%~10%；未被氧化的高级烷烃或煤油对脂肪酸起稀释作用，使其在矿浆中易于分散，同时起辅助捕收作用；不皂化物主要是一些极性物质，如醇、酮和醛等，有起泡作用。氧化石蜡皂的主要缺点是在温度较低时的浮选效果不好，常温下使用时，需进行乳化。氧化煤油是煤油氧化所得的产物，其主要成分的浮选性能与氧化石蜡皂大同小异。氧化煤油的相对分子质量较小，凝固点较低，其在常温下为容易流动的液体，便于使用。

塔尔油及其皂：塔尔油有时也称为妥尔油，是脂肪酸和树脂酸的混合物，还含有一定数量的中性物质，粗硫酸盐皂、粗制和精制塔尔油等均属此类药剂。粗硫酸盐皂是以木材为原料碱法造纸工艺的副产品，含杂质较多，起泡性强，选择性差。因此，常将其进一步净化，制成粗制塔尔油。粗制塔尔油再经减压蒸馏和浓硫酸处理，得到精制塔尔油。粗制塔尔油中的脂肪酸主要是不饱和脂肪酸，如油酸、亚油酸、亚麻酸等，它们的捕收能力很强。同时，由于粗制塔尔油中的树脂酸（主要为松香酸）含量高，所以起泡性也很强。粗制塔尔油经精制使树脂酸与不饱和酸分离，得到的脂肪酸馏分经皂化处理得到塔尔油皂，其中含脂肪酸一般在 90% 以上。塔尔油和塔尔油皂的捕收能力都比较好，而且耐低温，是性能良好的有机酸类捕收剂，广泛用于浮选磷灰石、氟石、氧化锰矿物和弱磁性铁矿物等。

烃基磺酸（盐）：烃基磺酸（盐）的通式为 $R—SO_3Na$，其中的 R 为烃基（烷基、芳基或环烷基）。其是烃类油与浓硫酸作用所得的产品，例如煤油经过磺化得到的烃基磺酸盐（磺化煤油）；以石油副产品为原料经磺化、皂化所得的石油磺酸盐。烃基较短的烷基磺酸钠（如十二烷基磺酸钠）的捕收能力不强，但起泡性较好，可作为起泡剂。烃链中碳原子数目大于 18 的烷基磺酸盐，才能用作氧化物矿物和含氧盐矿物的捕收剂。磺酸盐与脂肪酸相比，水溶性好，耐低温性能好，抗硬水能力强及起泡能力强，捕收能力比碳原子数目相同的脂肪酸的稍低一些，但有较好的选择性。常用于浮选弱磁性铁矿物、萤石、磷灰石等。

烃基硫酸盐：烃基硫酸盐也称为烷基硫酸酯，是由脂肪醇经硫酸酯化、中和制得的硫酸盐，通式为 $R—OSO_3Na$。由于烃基硫酸盐 $R—OSO_3Na$ 中的硫原子通过氧和碳原子相结合，容易水解生成醇和硫酸氢钠，所以它的水溶液放置过久，会因发生水解而捕收能力显著降低。含 12~20 个碳原子的烷基硫酸钠，是典型的表面活性剂。其主要代表是十六烷基硫酸钠，它是白色结晶，易溶于水、有起泡性，可作黑钨矿、锡石、重晶石等的捕收剂。十六烷基硫酸钠对白钨矿、方解石的捕收能力较油酸的弱，但选择性好，可在硬水中使用。十六烷基硫酸盐可用于多金属硫化物矿石的浮选，它对黄铜矿有选择性捕收作用，对黄铁矿的捕收能力较弱，其浮选效果比戊基黄药好。

羟肟酸类捕收剂：烷基羟肟酸（氧肟酸、异羟肟酸）具有两种互变异构体，两者同时存在，是一种螯合剂，能与多种金属离子形成螯合物。实际应用的羟肟酸大多为钠盐和铵盐。国内生产的羟肟酸类捕收剂，主要是含有 7~9 个碳原子的羟肟酸胺和环烷基、苯基等羟肟酸。异羟肟酸钠常用于浮选氧化铜矿物，对于硫化后的氧化铜矿物的浮选效果更好，也用于浮选锡石、稀土矿物、黑钨矿、白钨矿及白铅矿等。

除了上述一些脂肪酸类捕收剂以外，近年来新开发的、同属于阴离子捕收剂的一系列新产品（如 RA-315、RA-515、RA-715、KS-Ⅲ 等），已经成为了铁矿石反浮选脱硅和磷酸盐矿石、萤石矿石及一些稀有金属矿石浮选分离的主要捕收剂。

3.2.4.2　胺类捕收剂

胺类捕收剂起捕收作用的是阳离子，故称之为阳离子捕收剂。其是有色金属氧化物矿物、石英、长石、云母等的常用捕收剂。

胺类捕收剂是氨的衍生物，按照氨中的氢原子被烃基取代的数目不同，分为第一胺盐（伯胺盐，例如 RNH_3Cl）、第二胺盐（仲胺盐，例如 $RR'NH_2Cl$）、第三胺盐（叔胺盐，例如 $R(R')_2NHCl$）和第四胺盐（季胺盐，例如 $R(R')_3NCl$）。化学式中的 R 代表长烃链烃基，其中的碳原子数目一般在 10 以上；R'代表短链烃基，多为甲基。

胺与氨的性质相似，其水溶液呈碱性，难溶于水，与酸（盐酸或醋酸）作用生成胺盐后易溶于水。胺与烃基含氧酸类捕收剂相似，这些长烃链捕收剂在水溶液中超过一定浓度时，会从单个离子或分子缔合成为胶态聚合物即形成胶束，从而使溶液性质发生突然变化。形成胶束的浓度，称为临界胶束浓度，用 CMC 表示。一些常用的浮选药剂的临界胶束浓度见表 3-8。

表 3-8　一些常见的表面活性浮选剂的 CMC 值　　　　　　　　　　（mol/L）

碳原子数	羧酸盐	碳酸盐	硫酸盐	胺
10				5×10^{-4}
12	2.6×10^{-2}	9.8×10^{-3}	8.2×10^{-3}	2×10^{-5}
14	6.9×10^{-3}	2.8×10^{-3}	2.0×10^{-3}	7×10^{-6}
16	6.9×10^{-3}	7.0×10^{-4}	2.1×10^{-4}	
18①	1.8×10^{-3}	7.5×10^{-4}	3.0×10^{-4}	

①在 50℃时测定的结果，其余为在室温下测定的结果。

胺在水溶液中既可以以分子状态也可以以离子状态存在，例如十二胺在水溶液中存在下列平衡关系：

$$RNH_2 + H_2O \Longrightarrow RNH_3^+ + OH^-$$

平衡时的解离常数（25℃时）为：

$$K = c(RNH_3^+)c(OH^-)/c(RNH_2) = 4.3 \times 10^{-4}$$

所以水溶液中胺以什么状态存在取决于溶液的 pH 值。在浓度为 1×10^{-4}mol/L 的十二胺水溶液中，胺及其水解产物的浓度与 pH 值的关系如图 3-12 所示。

图 3-12 中的曲线表明，当十二胺的分子浓度与离子浓度相等时，溶液的 pH = 10.6，pK = 3.35。当 pH < 10.6 时，十二胺主要以离子状态存在；当 pH > 10.6 时，十二胺主要以分子状态存在。用作捕收剂的胺多数是第一胺盐，其烃基由所采用的生产原料而定，在生产实践中应用的有十二胺、混合胺和醚胺。

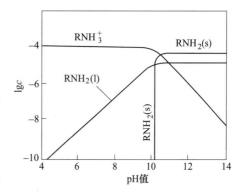

图 3-12　十二胺在溶液中的水解
产物浓度与 pH 值的关系

混合胺常温下为淡黄色蜡状，有刺激气味，不溶于水，溶于酸或有机溶剂。配制时胺与盐酸的摩尔比为 1:1 或 1:1.5，配料加热水溶解后，再用水稀释到质量分数为 0.1%~1% 的溶液。用十二胺浮选石英时，pH = 10.5 左右的浮选效果最好，这说明胺的分子-离子配合物对浮选起重要作用。十二胺用于铁矿石反浮选脱硅时，其捕收能力与醚胺的接近，但选择性比醚胺的差。混合胺的浮选效果通常比十二胺的差。

醚胺是烷基丙基醚胺系列的简称，化学通式为 R—O—CH$_2$CH$_2$CH$_2$NH$_2$，其中 R 为碳原子数目为 8~18 的烷基。醚胺具有水溶性好、浮选速度快、选择性好等优点，常用于铁矿石反浮选脱硅工艺中。由于胺类捕收剂兼有起泡性，用于浮选时可少加或不加起泡剂，且宜分批添加，并控制适宜的矿浆 pH 值，水的硬度不宜过高，应避免与阴离子捕收剂同时加入。

3.2.5　有机酸与胺类捕收剂的作用机理

3.2.5.1　有机酸类捕收剂的作用机理

有机酸类捕收剂都是在极性基中含有键合氧原子的阴离子型捕收剂，由于极性基水化性较强，所以药剂的非极性基碳链较长，一般相对分子质量都比较大，主要用于浮选氧化物矿物和含氧盐矿物。有机酸类捕收剂与矿物的作用形式比较多，有的是以双电层静电吸附为主；有的则是以化学吸附为主，或化学吸附与分子吸附同时存在。吸附的总自由能 ΔG 主要由三部分组成，即 $\Delta G = \Delta G_{静电} + \Delta G_{化学} + \Delta G_{分子}$。

A　依靠静电作用力的物理吸附

烃基磺酸和烃基硫酸的解离常数较大，它们主要借静电吸附与荷正电的矿物表面发生作用。因此，使用烃基磺酸和烃基硫酸类捕收剂时，了解有关矿物的零电点非常重要。比如，针铁矿的零电点为 pH = 6.7，当矿浆 pH<6.7 时，捕收剂阴离子（RSO$_3^-$ 或 ROSO$_3^-$）通过静电吸附，使颗粒表面疏水；当矿浆 pH≥6.7 时，针铁矿颗粒表面荷负电，只能用阳离子捕收剂十二胺进行浮选。又如，在浮选铬铁矿、绿柱石、石榴石等矿物时，通常将颗粒表面电位调为正值，用阴离子捕收剂（如磺酸盐类）浮选。

十二烷基磺酸盐在刚玉表面的吸附情况如图 3-13 所示。从图 3-13 可以看出，当浓度较低时（图中的 Ⅰ 区），十二烷基磺酸钠以单个离子状态靠静电吸附于刚玉表面；当浓度

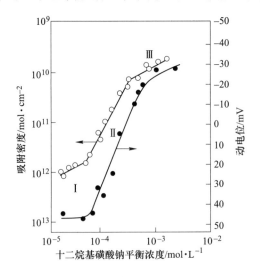

图 3-13　刚玉表面十二烷基磺酸钠的吸附密度、动电位与十二烷基磺酸钠平衡
浓度的关系（pH = 7.2）

大于 5×10^{-5} mol/L 时，十二烷基磺酸离子的吸附密度开始显著上升（图中的 Ⅱ、Ⅲ 区）；当浓度增大到 3×10^{-4} mol/L（相当于 1/10 的单分子层罩盖浓度）时，刚玉颗粒表面达到等电点（动电位开始改变符号），说明在浓度高的条件下，磺酸离子吸附密度增大使药剂离子互相靠近，非极性基之间的相互缔合作用得到加强，于是形成半胶束吸附。动电位改变符号，标志着烃链间的相互缔合作用开始超越静电吸附的范围，明显地呈现半胶束吸附的特征。

捕收剂在双电层外层的静电吸附，由于选择性比较差，如果体系中存在无机阴离子，将会与捕收剂阴离子产生严重的竞争吸附现象，甚至会引起抑制。比如，当矿浆 pH 值小于 1.8 时，石英表面荷正电，可用烷基磺酸钠浮选，但此时若用大量的 HCl 调节 pH 值至 1.8，则溶液中 Cl^- 的浓度远远大于 RSO_3^- 的浓度，Cl^- 占据了石英表面的正电荷区，使得 RSO_3^- 不能接近石英表面，而使石英受到抑制。

B 在固体表面的化学吸附

极性基化学活性比较高的捕收剂与固体表面作用时，常发生化学吸附。比如脂肪酸类与含钙、钡、铁矿物的作用；烃基砷酸、膦酸与含锡、钛、铁矿物的作用；羟肟酸、氨基酸等配合物捕收剂与铁、铜氧化物矿物的作用等，在这些情况下，药剂在固体表面均可形成难溶化合物，发生化学吸附（或表面化学反应）。有一些极性化学活性不太高的捕收剂，如烃基磺酸盐、烃基硫酸盐等，当相对分子质量足够大时，因"加重效应"的影响也能发生化学吸附。

试验表明，阴离子捕收剂（如油酸）在方解石或磷灰石颗粒表面的吸附，发生在其零电点的 pH 值以上，而且吸附以后使动电位负值增大。这时颗粒表面荷负电，捕收剂为阴离子，按静电吸引原理，不可能发生吸附。油酸离子所以能够吸附，是由于发生了化学吸附（还可能包括半胶束吸附或离子-分子二聚物共吸附）。又如油酸在萤石颗粒表面的吸附，红外光谱测定结果（见图 3-14）表明，$5.8 \mu m$ 谱带处与—COOH 基的物理吸附相对应，而 $6.4 \mu m$ 和 $6.8 \mu m$ 谱带处与—COO^- 基的化学吸附相对应。可见萤石颗粒表面既有物理吸附的油酸，也有化学吸附的油酸，在低 pH 值时以物理吸附为主，在 pH $= 3 \sim 9$ 时为物理吸附与化学吸附并存，pH $= 9 \sim 10$ 时则以化学吸附为主。在通常的浮选条件下，浮选行为与化学吸附的关系更为密切。

研究结果还表明，对于一些难溶的金属氧化物矿物，阴离子捕收剂在其表面的化学吸附，与矿浆 pH 值是否有利于颗粒表面金属阳离子的微量溶解以及随后水解形成金属离子的早期羟基配合物的量有密切关系。比如，用油酸浮选赤铁矿，在 pH $= 8$ 左右时浮选回收率最高，此时赤铁矿颗粒表面生成铁离子早期羟基配合物的量也最多；用油酸浮选软锰矿和辉石时，也存在类似的情况。这是由于捕收剂阴离子与活性金属阳离子作用，在固体表面发生化学吸附，从而使颗粒表面疏水易浮。

由于石英的溶解度很小，又不含可以水解的金属离子，所以用阴离子捕收剂浮选石英时，必须用金属阳离子活化。石英浮选最高回收率也与活化金属阳离子有利于形成早期羟基配合物的 pH 值一致。用磺酸盐为捕收剂（浓度为 1×10^{-4} mol/L），以浓度为 1×10^{-4} mol/L 的各种金属阳离子为活化剂浮选石英时，石英的最高回收率与 pH 值的关系如图 3-15 所示。

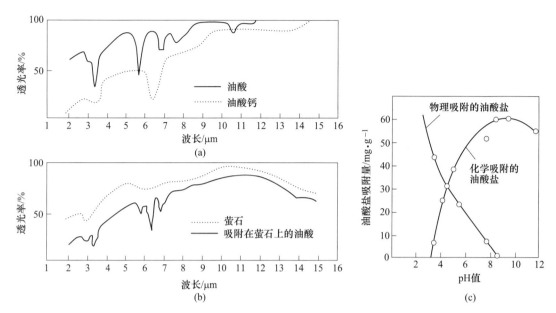

图 3-14　油酸在萤石表面吸附情况的红外光谱测定结果

（a）油酸和油酸钙；（b）萤石和吸附在萤石上的油酸；

（c）5.8μm 和 6.4μm 谱带上油酸盐在萤石上的物理吸附和化学吸附与 pH 值的关系

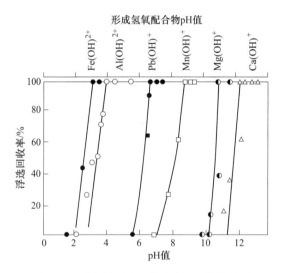

图 3-15　石英的浮选回收率与 pH 值的关系

由图 3-15 可见，各种金属阳离子起活化作用的 pH 值范围为：Fe^{3+} 2.9～3.8；Al^{3+} 2.8～8.4；Pb^{2+} 6.5～12.8；Mn^{2+} 8.5～9.4；Mg^{2+} 10.9～11.4；Ca^{2+} 12 以上。这些 pH 值的分界线与金属离子形成羟基配合物的 pH 值相当符合。如果捕收剂浓度改变，上述 pH 值的分界线也会相应变化。如果改用其他捕收剂，则图 3-15 也将改变。由此可见，石英经金属阳离子活化后浮选的机理，可用化学吸附加以解释。

3.2.5.2 胺类捕收剂的作用机理

胺类捕收剂主要用于浮选硅酸盐矿物和铝硅酸盐矿物，以及菱锌矿和可溶性钾盐。一些理论研究表明，胺类捕收剂与这些矿物的作用机理是不同的。用胺类捕收剂浮选石英时，在介质 pH = 10 左右的条件下，石英颗粒表面荷负电，胺主要呈阳离子 RNH_3^+ 或离子-分子二聚物 $(RNH_2)_2H^+$ 的形式，在固体表面双电层内靠静电力发生吸附（属物理吸附）。

在石英-胺体系中，当捕收剂浓度达到临界胶束浓度的 $1/100 \sim 1/10$ 时，在颗粒表面便可形成半胶束吸附。在胺离子 RNH_3^+ 与胺分子 RNH_2 之间，其非极性更有利于发生相互缔合作用，使它们在固体表面产生共吸附，或者形成胺分子及其离子二聚物 $(RNH_2)_2H^+$ 的半胶束吸附。此外，由于胺分子的吸附既不中和颗粒表面的负电性，也不受颗粒表面负电位大小的影响，所以浮选中常会出现当介质 pH 值较低，甚至低于零电点时，仍可进行浮选的情况。

另外，矿浆中的高价金属阳离子（如 Fe^{3+}、Al^{3+}、Ba^{2+} 等）与胺类阳离子在固体表面可发生竞争吸附，排挤掉捕收剂阳离子，使浮选被抑制。相反，某些阴离子在颗粒表面的吸附（如 SO_4^{2-} 在一水铝石颗粒表面的吸附及 SiF_6^{2-} 在长石和绿柱石等矿物颗粒表面的吸附），可促进胺类捕收剂在这些矿物颗粒表面上的吸附，这些阴离子具有活化效应。

胺类捕收剂浮选有色金属氧化矿（如菱锌矿）时，多在强碱性介质中进行。此时溶液中的胺以分子状态存在，胺分子能与颗粒表面的 Cu^{2+}、Zn^{2+}、Cd^{2+}、Co^{3+} 生成配合物，所以它们在固体表面呈化学吸附。胺类以分子 RNH_3Cl 的形式起捕收作用时，主要用于在氯化物饱和溶液中浮选钾盐的特定场合。

3.2.6 非极性油类捕收剂

非极性油类捕收剂（简称烃油）是指煤油、柴油、燃料油、变压器油等碳氢化合物。在它们的分子结构中不含有极性基团，碳原子之间都是通过共价键结合的，在水溶液中不与水分子作用，呈现出疏水性和难溶性。同时因为它们不能电离成离子，因此又常被称为中性油类捕收剂。

由于非极性油类捕收剂不能解离为离子，不能和固体表面发生化学吸附或化学反应，只能以物理吸附方式附着于颗粒表面，因此它们只能作为自然可浮性很强的物料的捕收剂，即只能浮选非极性矿物（如石墨、辉钼矿、煤、自然硫和滑石等）。这类捕收剂的用量一般较大，多在 $0.2 \sim 1kg/t$。它难溶于水，以油滴状存在于水中，在固体表面形成很厚的油膜。

油类捕收剂与阴离子捕收剂联合使用，可显著提高浮选指标。实践中，常常联合使用烃类油和脂肪酸类捕收剂，选别磷灰石或赤铁矿。联合使用可提高浮选效果的原因主要是阴离子捕收剂先在颗粒表面形成一疏水性捕收剂层，此后烃类油再覆盖在其表面上，从而加强了颗粒表面的疏水性。这样就改善了颗粒和气泡之间的附着，降低了阴离子捕收剂的用量，提高了浮选回收率。

3.2.7 两性捕收剂

两性捕收剂是分子中同时带阴离子和阳离子的异极性有机化合物，常见的阴离子基团主要是—COOH、—SO₃H 及—OCSSH；阳离子基团主要是—NH₂。含有阴、阳两种基团的捕收剂包括各种氨基酸、氨基磺酸以及用于浮选镍矿和次生铀矿的胺醇类黄药、二乙胺黄药等。二乙胺乙黄药的结构式为：

$$C_2H_5$$
$$|$$
$$C_2H_5—NCH_2CH_2OCSSNa$$

它在水溶液中的解离与介质的 pH 值有关。在酸性介质中，二乙胺黄药呈阳离子 $(C_2H_5)_2NCH_2CH_2OCSSH_2^+$；在碱性介质中，则呈阴离子 $(C_2H_5)_2NCH_2CH_2OCSS^-$。等电点时不解离呈中性 $(C_2H_5)_2NCH_2CH_2OCSSH$，因此，可通过调整矿浆的 pH 值，使其产生不同的捕收作用。

针对齐大山矿山铁矿石和脉石平均粒径越来越小，特别是赤铁矿的平均粒径越来越小，共生矿明显增多的特点，研发了 KS-Ⅱ、KS-Ⅲ 多功能两性捕收剂。实践表明它们可以大幅度提高精矿回收率，降低尾矿品位。KS-Ⅱ 合成首先以氨基酸和醇胺化合物为主要原料合成高效助剂，再将其与植物油脂产品反应生成 KS-Ⅱ；KS-Ⅲ 合成首先以植物脂肪酸为主要原料，经过磺化、卤化、氨化和水解等反应，合成一种集氨基、羧基和磺酸基于同一分子的捕收剂。

3.3 起 泡 剂

3.3.1 起泡剂的结构和种类

起泡剂是异极性有机物质，它的分子一般由两部分组成：一端为非极性疏水基；另一端为极性亲水基，使起泡剂分子在空气与水的界面上产生定向排列。起泡剂的起泡能力与上述两个基团的性质密切相关。

起泡剂大部分是表面活性物质，能够强烈地降低水的表面张力。同一系列的表面活性剂，烃基中每增加 1 个碳原子，其表面活性可增大 3.14 倍，此即所谓的"特劳贝定则"，即按"三分之一"的规律递增。表面活性越大，起泡能力越强。起泡剂的溶解度对起泡剂性能及形成气泡的特性有很大的影响，如溶解度很高，则消耗药量大，或迅速产生大量泡沫，但不能耐久；而当溶解度过低时，来不及溶解，就会随泡沫流失，或起泡速度缓慢，延续时间较长，使浮选过程难于控制。常用的起泡剂的溶解度见表 3-9。

表 3-9　常见起泡剂的溶解度　　　　　　　　　　　（g/100g 水）

起泡剂	溶解度	起泡剂	溶解度	起泡剂	溶解度
正戊醇	2.19	庚醇	0.45	α-萜醇	0.198
异戊醇	2.69	壬醇	0.128	甲基异戊醇	1.70
正己醇	0.624	松油	0.25	1,2,3-三乙氧丁烷	0.80
正庚醇	0.181	樟脑醇	0.074	聚丙烯乙二醇	全溶
正壬醇	0.0586	甲酚酸	0.166		

生产中常用的起泡剂有松油、2 号油、甲基戊醇、醚醇油、丁醚油。松油又称为松树

油（松节油），是松树的根或枝干经过干馏或蒸馏制得的油状物，是浮选中一种应用较广的天然起泡剂。松油的主要成分为α-萜烯醇，其次为萜醇、仲醇和醚类化合物，具有较强的起泡能力，因含杂质，同时具有一定的捕收能力，可单独使用松油浮选辉钼矿、石墨和煤等。由于松油的黏性较大，来源有限，所以逐渐被人工合成的起泡剂所代替。

2号油是以松节油为原料，经水解反应制得的，其主要成分也为α-萜烯醇，其中萜烯醇的含量为50%左右，还有萜二醇、烃类化合物及杂质。它是淡黄色油状液体，密度为900~915kg/m³，可燃，微溶于水，在空气中可氧化。2号油的起泡能力强，能生成大小均匀、黏度中等和稳定性合适的气泡，是我国应用得最广泛的一种起泡剂。当用量过大时，气泡变小，会影响浮选指标。

纯净的甲基戊醇（甲基异丁基甲醇 MIBC）为无色液体，可用丙酮为原料合成制得，是应用较为广泛的起泡剂，泡沫性能好，对提高疏水性产物的质量有利。甲基戊醇是所谓的"非表面活性型起泡剂"，虽不能形成大量的两相泡沫，但能与黄药一起吸附于颗粒表面形成三相泡沫。甲基戊醇的优点包括溶解度大、起泡速度快、泡沫不黏、消泡容易、不具捕收性、用量少、使用方便、选择性好等。

醚醇油是合成起泡剂，是由环氧丙烷与乙醇在苛性钠催化剂的作用下制得的，例如我国研制的乙基聚丙醚醇等。随着烃链增长，醚醇油的起泡能力增加，但烃链过长时会产生消泡现象。醚醇油具有水溶性好、泡沫不黏、选择性好、用量较少、使用方便等优点，可以代替2号油。

丁醚油也称为4号浮选油（1,1,3-三乙基氧丁烷 TEB），其分子中的极性基是3个乙氧基（—OC₂H₅），乙氧基中的氧原子与水分子间可通过氢键形成水化物，因而它易溶于水，并使水的表面张力降低。丁醚油的纯品为无色透明油状液体，工业品由于含有少量杂质，呈棕黄色，带有水果香味，起泡能力强，用量仅为2号油的1/2。

3.3.2　起泡过程及起泡剂的作用

泡沫是浮选不可缺少的部分，泡沫可分为两相泡沫和三相泡沫。两相泡沫是由液、气两相组成的，如常见的皂泡等。三相泡沫是由固、液、气三相组成的。过去曾将两相泡沫理论推广到三相泡沫，认为起泡剂就是在液-气界面起表面活性作用，只要能产生大量的泡沫就有利于浮选。但对浮选三相泡沫的研究结果表明，颗粒对泡沫的形成与稳定有很大影响。就起泡剂而论，除具有表面活性物质可作起泡剂外，有的非表面活性物质，由于它们影响颗粒向气泡黏着，所以也可以把它们看作三相泡沫的良好起泡剂，因此，浮选用的起泡剂与其他两相泡沫起泡剂不完全相同。

3.3.2.1　泡沫的破灭和稳定

气泡汇集到液面成为泡沫，泡沫是不稳定系统，一般气泡会逐渐兼并破灭。泡沫的破灭首先是因气泡之间的水层变薄，小气泡兼并成大气泡，这是一个自发过程。当然，在水中运动的气泡，也会因碰撞而兼并。其次是由于气泡表面水膜的蒸发，当气泡上升至矿浆表面时，由于水分子的蒸发使水膜变薄而导致泡沫的破灭。最后是因许多气泡之间形成的三角形区域的抽吸力的作用，如图3-16（a）所示，这是由于许多气泡靠近时，会排列成规则的形状，在气泡之间形成三角区域，在气泡内部对气泡有拉力，即毛细压力 $p = 2\sigma/R$（σ 为表面张力，R 为气泡的曲率半径），在三角区域因 R 小，故 p_1 大，而在气泡相邻界面上，R 大，故 p_2 小，于是在三角区域形成负压，从而产生抽吸力，促使气泡表面的水膜薄化，导致气泡兼并。

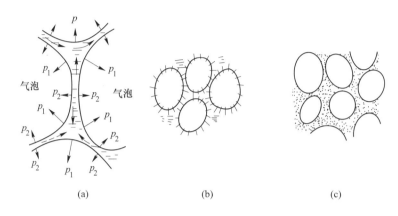

(a)   (b)   (c)

图 3-16   泡沫的破灭与稳定

（a）泡沫的破灭，三角形区域抽走水；（b）两相泡沫的稳定，起泡剂分子的作用；
（c）三相泡沫的稳定，颗粒的作用

两相泡沫的稳定主要是靠表面活性剂的作用，如图 3-16（b）所示。由于表面活性起泡剂吸附于气泡表面，起泡剂分子的极性基向外，对水分子有引力，使水膜稳定而不易流失。而有些离子型表面活性起泡剂带有电荷，于是各个气泡因为同名电荷而相互排斥，阻止兼并，增强了稳定性。

固体颗粒存在时，形成三相泡沫，如图 3-16（c）所示。三相泡沫比较稳定，主要是因为颗粒附着在气泡表面，成为防止气泡兼并及阻止水膜流失的障碍；同时颗粒表面吸附的捕收剂与起泡剂相互作用，它们在气泡表面像编织成的篱笆一样，因而增强了气泡壁的机械强度。在浮选泡沫中，颗粒的疏水性越强、捕收剂相互作用力越强、颗粒越细、微细颗粒罩盖于气泡表面越密，泡沫越稳定。

浮选时，泡沫的稳定性要适当，不稳定易破灭的泡沫容易使颗粒脱落，影响分选效果；而过分稳定的泡沫，又会使泡沫运输及产品浓缩发生困难。

3.3.2.2　起泡剂的作用

起泡剂在起泡过程中的作用概括起来包括如下几方面：

（1）防止气泡兼并。各种起泡剂分子都具有防止气泡兼并的作用，由强至弱的顺序为：聚乙烯乙二醇醚>三乙氧基丁烷>辛醇>碳原子数目为 6~8 的混合醇>环己醇>甲酚。

（2）降低气泡的上升速度。实验结果表明，加入起泡剂后气泡的上升速度变慢。几种起泡剂形成的升浮速度见表 3-10。起泡剂使气泡上升速度变慢的可能原因是起泡剂分子在气泡表面形成"装甲层"，该层对水偶极子有吸引力，但又不如水膜那样易于随阻力变形，因而阻滞上升速度。气泡上升速度下降可增加其在矿浆中的停留时间，有利于颗粒与气泡的接触，增加碰撞概率，同时还可以降低气泡间的碰撞能量，有利于气泡的相对稳定。

表 3-10　几种起泡剂形成气泡的升浮速度

起泡剂	相对速度/%	起泡剂	相对速度/%	起泡剂	相对速度/%
丁基黄药	100.0	二甲基苯二酸	80.7	聚甲基乙二醇醚	72.0
苯酚	93.4	三乙氧基丁烷	72.3	聚丁基乙二醇醚	72.1
甲酚	90.8	庚醇	76.6	四丙烯乙二醇醚	72.9
松油	88.3	辛醇	75.8		
环己醇	88.2	己醇	76.2		

（3）影响气泡的尺寸和分散状态。气泡的尺寸对浮选指标有直接影响。一般机械搅拌式浮选机在纯水中生成的气泡平均直径为 4~5mm，添加起泡剂后平均直径缩小到 0.8~1mm。气泡越小，浮选界面越大，越有利于颗粒的黏附，但气泡要携带颗粒上浮必须有充分的上浮力及适当的上浮速度，因此也不是气泡越小越好，而是要有适当的尺寸及粒度分布。在浮选生产中，气泡的粒度分布，随所加起泡剂种类的不同而异。为了评估起泡剂的性能强弱，有人建议以直径为 0.2mm 的气泡为"工作气泡"，其中 0.2mm 气泡占整个泡沫表面积 70% 以上的称为强起泡剂，如聚烷基乙醇醚、三乙氧基丁烷等；占 50%~70% 的为中等起泡剂，如己醇、辛醇、戊醇等；小于 50% 的为弱起泡剂，如松油、环己醇、甲酚和酚等。

（4）增加气泡的机械强度。1 个周围分布了起泡剂分子的气泡（如图 3-17（a）所示），当它在外力（如碰撞）的作用下产生了变形（如图 3-17（b）所示）时，变形区表面积增大，起泡剂浓度降低，在该处表面张力增大，即增大了反抗变形的能力。如果外界引起气泡变形的力不大，气泡将抵消这种外力恢复原来的球形，气泡不产生破裂（如图 3-17（c）所示）。气泡由于起泡剂的存在不易破裂，相当于增加了气泡的机械强度。

实践表明，起泡剂用量不宜过大，因为起泡剂浓度与溶液表面张力及其起泡能力有如图 3-18 所示的关系。

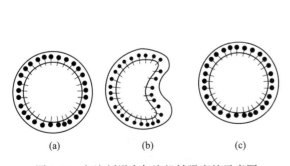

图 3-17　起泡剂增大气泡机械强度的示意图

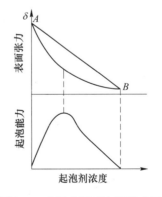

图 3-18　起泡剂浓度与溶液表面张力及其起泡能力的关系

图 3-18 中的曲线表明，起初，随着起泡剂浓度的增加，溶液表面张力的降低是显著的，但起泡能力达到峰值后，再增大起泡剂的浓度，表面张力变化较小，起泡能力反而下

降。可见溶液的起泡能力不完全在于表面张力降低的绝对值。起泡剂浓度达到饱和状态（图中的 B 点）后，和纯水一样不能生成稳定的泡沫层。

3.3.2.3　起泡剂与捕收剂的协同作用

经研究发现，起泡剂的作用不单纯是为泡沫浮选提供性能良好的气泡，由于起泡剂和捕收剂二者的非极性烃链间存在着疏水性缔合作用，只要二者的结构和比例配合适当，即可在气-液界面或固-液界面产生共吸附现象。用相互穿插理论建立的起泡剂与捕收剂共吸附的模型如图 3-19 所示。

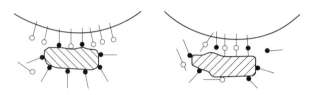

图 3-19　表面活性起泡剂及非表面活性起泡剂与捕收剂共吸附及相互穿插机理
○—表面活性起泡剂；－○—非表面活性起泡剂；●—捕收剂

由于气泡表面和颗粒表面都存在两者的共吸附，所以当颗粒与气泡接触时，具有共吸附的界面便可发生"相互穿插"，使捕收能力得到增强，从而加快浮选过程。可见起泡剂与捕收剂的交互作用对浮选有着重要的意义。共吸附及相互穿插理论也是颗粒与气泡黏附的机理之一。

起泡剂与捕收剂协同作用的典型例子是：黄药没有起泡性，对水的表面张力影响也极小，然而黄药与醇类一起使用，就比单独使用醇类起泡剂产生的泡沫量要大许多，而且高级黄药与起泡剂的协同作用比低级黄药的更明显（见图 3-20）。这说明起泡剂与捕收剂在气泡表面存在交互作用和共吸附现象，从而改善了起泡剂的起泡性。此外，有些非表面活性物质（如有两个极性基的双丙酮醇），本身既不是起泡剂，也不是捕收剂。然而有趣的是，双丙酮醇与捕收剂联合作用后，在固-液-气三相体系中却有起泡作用，并能形成足够稳定的、性能良好的三相泡沫，所以双丙酮醇被称为"非表面活性型的三相泡沫起泡剂"。试验结果表明，双丙酮醇与乙基黄药联合使用对黄铜矿的浮选有显著影响。

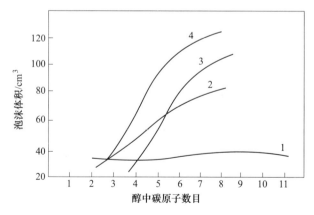

图 3-20　捕收剂（黄药）对起泡剂（醇）起泡性的影响
1—单用黄药；2—单用醇；3—乙黄药+醇；4—戊黄药+醇

3.4　调　整　剂

调整剂是调控颗粒与捕收剂作用的一种辅助药剂，浮选过程通常都在捕收剂和调整剂的适当配合下进行，尤其是对于复杂多金属矿石或难选物料，选择调整剂常常是获得良好分选指标的关键。生产中使用的调整剂，按照在浮选过程中的作用可分为抑制剂、活化剂、矿浆 pH 值调整剂、分散剂、凝结剂和絮凝剂等。

3.4.1　抑制剂及其作用机理

3.4.1.1　常用的抑制剂

凡能破坏或削弱颗粒对捕收剂的吸附，增强固体表面亲水性的药剂统称为抑制剂。生产中使用的抑制剂有石灰、硫酸锌、亚硫酸、亚硫酸盐、硫化钠、水玻璃、磷酸盐、含氟化合物、有机抑制剂、重铬酸盐和氰化物等。

A　石灰

石灰是硫化物矿物浮选中常用的一种廉价调整剂，它具有强烈的吸水性，加入矿浆后与水作用生成消石灰 $Ca(OH)_2$，可使矿浆 pH 值提高到 11 以上，能有效地抑制黄铁矿、磁黄铁矿等。石灰的作用：一方面是 OH^- 的作用；另一方面是 Ca^{2+} 的作用。在碱性介质中，黄铁矿和磁黄铁矿的颗粒表面可以生成氢氧化铁亲水薄膜。当有黄药存在时，OH^- 与黄药阴离子发生竞争吸附，而 Ca^{2+} 可以在黄铁矿颗粒表面上生成难溶化合物 $CaSO_4$，也可以起到抑制作用。在硫化铜矿石和铅锌矿石中，常伴生硫化铁矿物和硫砷铁矿物（如毒砂），为了更好地浮选铜、铅、锌矿物，必须加入石灰抑制硫化铁矿物。另外，由于石灰对方铅矿，特别是表面略有氧化的方铅矿颗粒有抑制作用，所以从多金属硫化物矿石中浮选方铅矿时，常用碳酸钠调节 pH 值。如果由于黄铁矿含量较高，必须用石灰调节 pH 值时，应注意控制石灰的用量。

石灰本身还是一种凝结剂，能使矿浆中的微细颗粒凝聚。因而，当石灰用量适当时，浮选泡沫可保持一定的黏度；当用量过大时，促使微细颗粒凝聚，使泡沫发黏，影响浮选过程的正常进行。需要注意的是，使用脂肪酸类捕收剂时，不能用石灰调节 pH 值，因为这时会生成溶解度很低的脂肪酸钙，消耗掉大量的脂肪酸，并且会使过程的选择性变坏。

B　硫酸锌

纯净的硫酸锌为白色结晶，易溶于水，是闪锌矿的抑制剂，通常在碱性条件下使用，且 pH 值越高，其抑制作用越明显。硫酸锌单独使用时，其抑制效果较差，通常与硫化钠、亚硫酸盐和硫代硫酸盐、碳酸钠等配合使用。

C　亚硫酸及其盐和二氧化硫

二氧化硫及亚硫酸（盐）主要用于抑制黄铁矿和闪锌矿。当使用二氧化硫、硫酸锌、硫酸亚铁、硫酸铁等联合作抑制剂时，方铅矿、黄铁矿和闪锌矿受到抑制，而黄铜矿不但不被抑制，反而被活化。生产中也有用硫代硫酸钠等代替亚硫酸盐，抑制黄铁矿和闪锌矿的例子。对被铜离子强烈活化的闪锌矿，只用亚硫酸盐的抑制效果常常较差，如果同时添加硫酸锌、硫化钠，则能够增强抑制效果。此外，亚硫酸盐在矿浆中容易氧化失效，因而其抑制作用有时间性，为使浮选过程稳定，通常采用分段添加的方法。

　　D　硫化钠

　　在浮选实践中，硫化钠的作用是多方面的。它既可用作硫化物矿物的抑制剂，也可用作有色金属氧化矿的硫化剂（活化剂）、pH 值调整剂、硫化物矿物混合浮选产物的脱药剂等。

　　用硫化钠抑制方铅矿时，适宜的矿浆 pH = 7~11，当 pH = 9.5 时，抑制效果最佳，因此时硫化钠水解产生的 HS^- 在矿浆中的浓度最大。HS^- 一方面排斥吸附在方铅矿表面的黄药，同时其本身又吸附在颗粒表面使之亲水。硫化钠用量大时，绝大多数硫化物矿物都会被抑制。硫化钠抑制硫化物矿物的递减顺序大致为：方铅矿、闪锌矿、黄铜矿、斑铜矿、铜蓝、黄铁矿、辉铜矿。由于辉钼矿的自然可浮性很好，不受硫化钠的抑制，所以浮选辉钼矿时，常用硫化钠抑制其他金属硫化物矿物。

　　浮选有色金属氧化矿时，常用硫化钠作活化剂，先将颗粒表面硫化，然后用黄药作捕收剂进行浮选，这是有色金属氧化矿的常用浮选方法之一。一般来说，硫化作用与硫化钠的浓度、搅拌时间、矿浆 pH 值及温度等有密切关系。硫化钠的用量过小时，不足以使矿物得到充分硫化；而用量过大时，又会产生抑制作用。在需要较高的硫化钠用量时，为避免矿浆的 pH 值过高，可用 NaHS 代替 Na_2S，或在硫化时适当添加 $FeSO_4$、H_2SO_4 或 $(NH_4)_2SO_4$。硫化时间长，颗粒表面形成的硫化物薄膜较厚，对浮选有利；但时间过长，Na_2S 会分解失效。

　　硫化钠用量过大，会解吸吸附于颗粒表面的黄药类捕收剂，所以硫化钠又可作为浮选产物的脱药剂。如对铅锌混合精矿或铜铅混合浮选的粗精矿进行分离浮选前，往往先浓缩，再加大量的硫化钠脱药，然后洗涤，重新加入新鲜水调浆后，进行分选。

　　E　水玻璃

　　水玻璃广泛用作抑制剂和分散剂，它的化学组成通常以 $Na_2O \cdot mSiO_2$ 表示，是各种硅酸钠（如偏硅酸钠 Na_2SiO_3、二硅酸钠 $Na_2Si_2O_5$、原硅酸钠 Na_4SiO_4、经过水合作用的 SiO_2 胶粒等）的混合物，成分常不固定。m 为硅酸钠的"模数"（或称硅钠比），不同用途的水玻璃，其模数相差很大，模数低、碱性强，抑制作用较弱；模数高（例如大于 3 时），不易溶解，分散不好。浮选通常用模数为 2~3 的水玻璃。纯的水玻璃为白色晶体，工业用水玻璃为暗灰色的结块，加水呈糊状。

　　水玻璃在水溶液中的性质随 pH 值、模数、金属离子以及温度而变。在酸性介质中，水玻璃能抑制磷灰石，而在碱性介质中，磷灰石却几乎不受抑制。添加少量的水玻璃，有时可提高萤石、赤铁矿等的浮选活性，同时又可强烈地抑制方解石的浮选。水玻璃既是石英、硅酸盐、铝硅酸盐矿物的常用抑制剂，也可作为分散剂，添加少量水玻璃可以减弱微细颗粒对浮选过程的有害影响。

　　F　磷酸盐

　　用作浮选调整剂的磷酸盐有磷酸三钠、磷酸钾（钠）、焦磷酸钠和偏磷酸钠等。例如浮选多金属硫化矿时，常用磷酸二钠抑制方铅矿；硫化铜矿物和硫化铁矿物（黄铁矿、磁黄铁矿）分离时，用磷酸钾（钠）加强对硫化铁矿物的抑制作用；浮选氧化铅矿石时，用焦磷酸钠抑制方解石、磷灰石、重晶石；浮选含重晶石的复杂硫化矿时，用焦磷酸钠抑制重晶石，并消除硅酸盐类脉石矿物的影响。

利用偏磷酸钠（常用的是六偏磷酸钠）作抑制剂，是因为它能够和 Ca^{2+}、Mg^{2+} 及其他多价金属离子生成配合物（如 $NaCaP_6O_{13}$ 等），从而使得含这些离子的矿物得到抑制。例如，用油酸浮选锡石时，用六偏磷酸钠抑制含钙、铁的矿物；钾盐浮选时，六偏磷酸钠可以防止难溶的钙盐从饱和溶液中析出。

G　含氟化合物

浮选中用作抑制剂的氟化物有氢氟酸、氟化钠、氟化铵和硅氟酸钠等。氢氟酸（HF）是吸湿性很强的无色液体，在空气中能发烟，其蒸气具有强烈的腐蚀性和毒性。它是硅酸盐矿物的抑制剂，是含铬、铌矿物的活化剂，也可抑制锆榴石。氟化钠（NaF）能溶于水，其水溶液呈碱性。用阳离子捕收剂浮选长石时，氟化钠可作为长石的活化剂。氟化钠也可用作石英和硅酸盐类矿物的抑制剂。硅氟酸钠（Na_2SiF_6）是白色结晶，微溶于水，与强碱作用分解为硅酸和氟化钠，若碱过量则生成硅酸盐。常用来抑制石英、长石、蛇纹石、电气石等硅酸盐类矿物。在硫化物矿物浮选中，硅氟酸钠能活化被氧化钙抑制过的黄铁矿。它还可以作为磷灰石的抑制剂。

H　有机抑制剂

用作抑制剂的有机化合物，既有低相对分子质量的羧酸苯酚等，也有高相对分子质量的淀粉类、纤维素类、木质素类、单宁类等。生产中应用较多的有机抑制剂有淀粉、糊精、羟乙基纤维素、羟甲基纤维素、单宁、腐殖酸钠、木质素等。

用阳离子捕收剂浮选石英时，用淀粉抑制赤铁矿；铜钼混合浮选精矿分离时，用淀粉抑制辉钼矿。淀粉还可以作为细粒赤铁矿的选择性絮凝剂。

糊精是淀粉加热到 200℃ 时的分解产物，是一种胶状物质，可溶于冷水，主要用作石英、滑石、绢云母的抑制剂。羟乙基纤维素又称为 3 号纤维素，用阳离子捕收剂浮选石英时，它可作为赤铁矿的选择性絮凝剂，也可作为含钙、镁的碱性脉石矿物的选择性抑制剂。工业品的羟乙基纤维素有两种：一种不溶于水，可溶于氢氧化钠溶液；另一种则是水溶性的羧甲基纤维素，又称为 1 号纤维素，是一种应用较少的水溶性纤维素，由于原料不同，所得产品性能有所差别。用芦苇作原料制得的羧甲基纤维素，浮选硫化镍矿物时，作为含钙、镁矿物的抑制剂。用稻草作原料制得的羧甲基纤维素，可用作磁铁矿、赤铁矿、方解石、钠辉石以及被 Ca^{2+} 和 F^{3+} 活化了的石英的抑制剂。

单宁是从植物中提取的高相对分子质量的无定型物质，在多数情况下呈胶态物，可溶于水。单宁常用来抑制方解石、白云石等含钙、镁的矿物。除天然单宁外，还有人工合成的单宁。胶磷矿浮选时，单宁常用作白云石、方解石、石英等的抑制剂。

在含褐铁矿、赤铁矿、菱铁矿的铁矿石反浮选时，常用腐殖酸钠抑制铁矿物，石灰作活化剂，用粗硫酸盐作捕收剂浮选石英。

木质素主要用来抑制硅酸盐矿物和稀土矿物，其中木素磺酸盐可作为铁矿物的抑制剂。

I　重铬酸盐

重铬酸盐（$K_2Cr_2O_7$ 和 $Na_2Cr_2O_7$）是方铅矿的抑制剂，对黄铁矿也有抑制作用，主要用在铜铅混合浮选所得中间产物的分离浮选中，抑制方铅矿。在实际应用中，为促进重铬酸盐对方铅矿的抑制，需要进行长时间（0.5~1h）的搅拌，且使矿浆的 pH 值保持在 7.4~8 比较合适。经重铬酸盐抑制后的方铅矿，如需要再活化，还要加入大量的亚硫酸钠、盐酸或硫酸亚铁等还原剂。

J 氰化物

用作抑制剂的氰化物主要是氰化钾（KCN）和氰化钠（NaCN），有时也用氰化钙，它们是闪锌矿、黄铁矿和黄铜矿的有效抑制剂。由于氰化物是剧毒药剂，所以其使用已受到严格限制。氰化物是强碱弱酸盐，它在溶液中发生如下的水解反应：

$$KCN \Longrightarrow K^+ + CN^-$$

$$CN^- + H_2O \Longrightarrow HCN + OH^-$$

$$K = c(HCN)c(CH^-)/c(CN^-) = 2.1 \times 10^{-5}$$

由上述平衡式看出，碱性条件下 CN^- 的浓度高，有利于抑制。如 pH 值降低，则形成 HCN（氢氰酸），使抑制作用降低。另外，HCN 易挥发，有剧毒，因此氰化物必须在碱性条件下使用。浮选含有次生铜矿物和受氧化的多金属硫化物矿物时，因矿浆中存在的大量铜离子将消耗氰化物，从而使氰化物的抑制效果显著下降。另外，当物料中含有金、银等贵金属时，不适宜用氰化物作抑制剂，因为氰化物能溶解金和银。

氰化物易溶于水，使用时配制成 1%~2% 的水溶液加入。氰化物和硫酸锌联合使用，可加强对闪锌矿的抑制作用。常用的比例为氰化物与硫酸锌的摩尔比为 1：（2~5），此时，CN^- 和 Zn^{2+} 形成胶体 $Zn(CN)_2$ 沉淀。如氰化物过量，还可能会生成抑制作用更强的络离子 $Zn(CN)_4^{2-}$。

3.4.1.2 抑制作用机理

抑制剂的抑制作用主要表现在阻止捕收剂在固体表面上吸附、消除矿浆中的活化离子、防止颗粒被活化等，作用机理主要有以下几方面：

（1）抑制剂与固体表面发生化学吸附，形成亲水薄膜。硫化钠对多种硫化物矿物的抑制作用、氢氧根离子对氢氧化物矿物和氧化物矿物的抑制作用、氰化物对硫化物矿物的抑制作用、有机抑制剂的抑制作用等均基于这一机理。

（2）消除矿浆中的活化离子。浮选硫化物矿物时，最常见的活化离子有 Cu^{2+}、Pb^{2+}、Hg^{2+} 等，消除这些离子常用的方法是使它们生成难溶的化合物沉淀或生成配合物。例如用 OH^- 沉淀 Cu^{2+} 和 Pb^{2+} 等，生成难溶化合物 $Cu(OH)_2$（$K_{sp} = 5.2 \times 10^{-20}$）和 $Pb(OH)_2$（$K_{sp} = 11 \times 10^{-20}$）；用 S^{2-} 沉淀 Cu^{2+}、Pb^{2+}、Hg^{2+} 等，生成难溶化合物 CuS（$K_{sp} = 6.3 \times 10^{-36}$）、$PbS$（$K_{sp} = 2.5 \times 10^{-21}$）、$HgS$（$K_{sp} = 1.6 \times 10^{-52}$）；用 CN^- 沉淀 Cu^{2+} 生成难溶化合物 $Cu(CN)_2$（$K_{sp} = = 3.2 \times 10^{-20}$），或用 CN^- 络合 Cu^{2+}，生成配合物 $Cu(CN)_4^{2-}$ 等。

（3）解吸颗粒表面已吸附的捕收剂，使其受到抑制。例如，用黄药浮选闪锌矿时，黄药离子（X^-）通过如下的化学反应，即

$$ZnS|Zn^{2+} + 2X^- \Longrightarrow ZnS|ZnX_2$$

吸附在闪锌矿颗粒表面上，使其疏水上浮。但 ZnX_2 易溶于氰化物溶液中，CN^- 取代 X^-，生成 $Zn(CN)_2$ 或可溶的络离子 $Zn(CN)_4^{2-}$，使闪锌矿受到抑制。又如用油酸作捕收剂混合浮选白钨矿和方解石时，对混合浮选得出的疏水性产物，常使用大量的水玻璃，在提高矿浆温度条件下，解吸方解石颗粒表面的油酸离子，使其受到抑制，达到白钨矿和方解石分

离的目的。另外，分离铜钼混合精矿时，硫化钠实际上是通过水解产物 HS⁻ 来解吸黄铜矿颗粒表面的黄药，使其受抑制，而浮选出钼矿物。

3.4.2 活化剂及其活化作用机理

3.4.2.1 常用的活化剂

凡能增强颗粒表面对捕收剂的吸附能力的药剂统称为活化剂。生产中常用的活化剂有金属离子、硫酸铜、硫化钠、无机酸、无机碱、有机活化剂等。

使用黄药类捕收剂时，能与黄原酸形成难溶性盐的金属阳离子，如 Cu^{2+}、Ag^+、Pb^{2+} 等，都可用作活化剂。使用脂肪酸类捕收剂进行浮选时，能与羧酸形成难溶性盐的碱土金属阳离子，如 Ca^{2+}、Mg^{2+}、Ba^{2+} 等，也同样可用作活化剂，石英表面经这些离子活化后，就可以吸附脂肪酸类捕收剂的离子而实现浮选。

硫酸铜是实践中最常用的活化剂，它可以活化闪锌矿、黄铁矿、磁黄铁矿和钴、镍等的硫化物矿物。实践中硫酸铜的用量要控制适当，过量时既会活化硫化铁矿物，使浮选的选择性降低，又能使泡沫变脆。

对于孔雀石、铅矾、白铅矿等有色金属含氧盐矿物，不能直接用黄药进行浮选，但用硫化钠对它们进行硫化后，都能很好地用黄药浮选。其原因是硫化钠的作用，在颗粒表面生成了硫化物薄膜，使之可以与黄药发生作用。

浮选生产中用作活化剂的无机酸和碱主要有硫酸、氢氧化钠、碳酸钠、氢氟酸等。它们的作用主要是清洗颗粒表面的氧化膜或黏附的微细颗粒。例如，黄铁矿颗粒表面存在氢氧化铁亲水薄膜时，即失去了可浮性，用硫酸清洗后，黄铁矿颗粒就可恢复可浮性。又如，被石灰抑制的黄铁矿或磁黄铁矿颗粒，用碳酸钠可以活化它们的浮选。此外，某些硅酸盐矿物，其所含金属阳离子被硅氧骨架所包围，使用酸或碱将表面溶蚀，可以暴露出金属离子，增强它们与捕收剂作用的活性，此时，多采用溶蚀性较强的氢氟酸。

生产中使用的有机活化剂有聚乙烯二醇或醚、工业草酸、乙二胺磷酸盐等。在多金属硫化物矿石的浮选生产中，聚乙烯二醇或醚可作为脉石矿物的活化剂，将其与起泡剂一起添加，采用反浮选首先脱除大量脉石，然后再进行铜铅的混合浮选。工业草酸常用来活化被石灰抑制的黄铁矿和磁黄铁矿。乙二胺磷酸盐是氧化铜矿物的活化剂，在浮选生产中能改善泡沫状况，降低硫化钠和丁基黄药的用量。

3.4.2.2 活化作用机理

活化剂的活化机理主要有如下几方面：

（1）增加活化中心，即扩大捕收剂吸附固着的区域。例如硫酸铜对闪锌矿的活化，Cu^{2+} 在闪锌矿颗粒表面固着，增加了对黄药离子的吸附，从而强化了闪锌矿的浮选过程；又如，石英颗粒表面吸附 Ca^{2+} 以后，增加了对脂肪酸的吸附活性区域。

（2）硫化有色金属氧化物矿物颗粒的表面。在用黄药类捕收剂浮选有色金属氧化矿时，颗粒表面必须经过硫化处理，否则就不能浮选。加入硫化剂后，硫离子与固体表面的阳离子反应，生成溶度积很小的硫化物薄膜，它能牢固地固着在氧化物矿物颗粒表面上，并吸附黄药离子，从而使颗粒表面疏水易浮。

（3）消除矿浆中有害离子，提高捕收剂的浮选活性。用脂肪酸类捕收剂浮选赤铁矿时，矿浆中的 Ca^{2+} 和 Mg^{2+} 等难免离子具有明显的活化石英的作用，影响浮选过程的分离效果，同时还会消耗大量的捕收剂。因此浮选前常用碳酸钠预先沉淀 Ca^{2+} 和 Mg^{2+} 等，然后用脂肪酸类捕收剂进行浮选，使脂肪酸离子充分发挥其浮选活性。

（4）消除亲水薄膜，即消除位于固体表面阻碍捕收剂作用的抑制薄膜。例如用酸处理，可洗去黄铁矿颗粒表面的氢氧化铁抑制性薄膜，改善黄铁矿的可浮性。又如，钛铁矿用少量的硫酸处理，并用水洗至 $pH=6$ 后，用阴离子捕收剂浮选，可得到较高的回收率，并能节省捕收剂，就是由于清洗除去了疏松的含铁表面物质。

3.4.3　pH 值调整剂及对浮选的影响

3.4.3.1　常用的 pH 值调整剂

调整矿浆酸碱度的药剂统称为 pH 值调整剂，其主要作用在于：造成有利于浮选药剂的作用条件、改善颗粒表面状态和矿浆中的离子组成。生产中常用的 pH 值调整剂有硫酸、石灰、碳酸钠、盐酸、硝酸、磷酸等。

硫酸是常用的酸性调整剂，其次是盐酸、硝酸和磷酸等。石灰是应用最广的碱性调整剂，主要用在有色金属硫化矿的浮选生产中，兼有抑制剂的作用。

碳酸钠的应用范围仅次于石灰。它是一种强碱弱酸盐，在矿浆中水解生成 OH^-、HCO_3^- 和 CO_3^{2-} 等，有缓冲作用，使溶液的 pH 值比较稳定地保持在 $8\sim10$。由于石灰对方铅矿有抑制作用，浮选方铅矿时，多采用碳酸钠来调节 pH 值。用脂肪酸类捕收剂进行浮选时，碳酸钠是一种极重要的碱性调整剂，其原因主要是：在碳酸钠造成的稳定 pH 值范围内，脂肪酸类捕收剂的作用最为有效；碳酸钠解离出的 CO_3^{2-} 可消除（沉淀）矿浆中 Ca^{2+} 和 Mg^{2+}，改善浮选过程的选择性，并可降低捕收剂用量；颗粒表面优先吸附碳酸钠解离出的 HCO_3^- 和 CO_3^{2-} 后，可防止或降低水玻璃的解离产物 $HSiO_3^-$ 胶粒及 OH^- 吸附引起的抑制作用，所以碳酸钠与水玻璃配合使用，可调整和改善水玻璃对不同矿物抑制作用的选择性；碳酸钠还是良好的分散剂，能防止矿浆中微细颗粒的凝聚，提高浮选过程的选择性。

与石灰相比，氢氧化钠的碱性更强，但价格较贵，所以仅在一些需要强碱性条件的特殊情况（比如赤铁矿的选择性絮凝脱泥—阳离子捕收剂反浮选）下，才使用氢氧化钠作矿浆 pH 值调整剂。

3.4.3.2　pH 值对浮选过程的影响

矿浆 pH 值对浮选过程的影响主要表现在如下几方面：

（1）影响颗粒表面的电性。

（2）影响颗粒表面阳离子的水解。

（3）影响捕收剂的水解。例如当弱酸或弱碱盐作为捕收剂加入矿浆时，捕收剂就会随 pH 值的变化而水解成不同的组分。

（4）影响捕收剂在固-液界面的吸附。例如油酸在萤石颗粒表面的吸附，当 $pH<5$ 时，以物理吸附为主，$pH>5$ 时则以化学吸附为主。又如，十二烷基磺酸盐在刚玉颗粒表面的吸附是静电吸附，刚玉的零电点为 $pH=9.0$，随着矿浆 pH 值的增大，刚玉颗粒表面的正电荷迅速减小，因而磺酸阴离子的吸附密度也迅速减小。

（5）影响物料的可浮性。绝大部分矿物，在用特定的捕收剂浮选时，它们的可浮性将受 pH 值的直接影响，如用乙基黄药浮选黄铁矿，当 pH>11 时，黄铁矿受到抑制，原因是在此 pH 值时双黄药不稳定，造成双黄药浓度不够，黄铁矿颗粒不浮；而 pH<6 时，黄铁矿也同样被抑制，这时是由于黄铁矿颗粒表面生成了大量的胶体氢氧化铁。

3.4.4 絮凝剂、分散剂及其他类浮选药剂

3.4.4.1 絮凝剂

促进矿浆中细粒联合变成较大团粒的药剂称为絮凝剂。按其作用机理及结构特性，可以大致分为高分子有机絮凝剂、天然高分子化合物、无机凝结剂 3 种类型。

高分子有机絮凝剂：作为选择性絮凝剂的高分子有机物有聚丙烯腈的衍生物（聚丙烯醚胺、水解聚丙烯酰胺、非离子型聚丙烯酰胺等）、聚氧乙烯、羧甲基纤维素、木薯淀粉、玉米淀粉、海藻酸铵、纤维素黄药、腐殖酸盐等。

聚丙烯酰胺属于非离子型絮凝剂，又称为 3 号凝聚剂，是以丙烯腈为原料，经水解聚合而成的。工业产品为含聚丙烯酰胺 8% 的透明胶状体，也有粉状固体产品，可溶于水，使用时配成 0.1% ~ 0.5% 水溶液，用量为 $2 \sim 50 g/m^3$。同类型聚丙烯酰胺，由于其聚合或水解条件不同，化学活性有很大差别，相对分子质量越大，絮凝沉降作用越快，但选择性比较差。生产中常用的聚丙烯酰胺的相对分子质量为 $5 \times 10^6 \sim 12 \times 10^6$。

聚丙烯酰胺的活性基为 $—CONH_2$，在碱性及弱酸性介质中有非离子特性，在强酸性介质中具有弱的阳离子特性。经适当的水解引入少量离子基团（如带 $—COOH$ 的聚合物），可以促进其选择性絮凝作用。使用聚丙烯酰胺时，其用量应适当。用量很小时（每吨物料用量约几克），显示有选择性，超过一定用量，就失去了选择性，而成为无选择的全絮凝。用量再大，将呈现保护溶胶作用而不能絮凝。

天然高分子化合物：如石青粉、白胶粉、芭蕉芋淀粉等天然高分子化合物也都可用作选择性絮凝剂。

无机凝结剂：用作凝结剂的无机盐，有时又称为"助沉剂"，这类药剂大都是无机电解质，常用的有无机盐类、酸类和碱类。其中无机盐类包括硫酸铝、硫酸铁、硫酸亚铁、铝酸钠、氯化铁、氯化锌、四氯化钛等；酸类包括硫酸和盐酸等；碱类包括氢氧化钙和氧化钙等。

3.4.4.2 分散剂

通过在颗粒悬浮体系中加入无机电解质、有机高聚物及表面活性剂等使其在颗粒表面吸附，改变颗粒表面的性质，从而改变颗粒与液相介质、颗粒与颗粒间的相互作用，上述这类使颗粒保持分散状态的药剂统称为分散剂。分散剂种类很多，初步估算，世界上现存有 1000 多种物质具有分散作用。分散剂的分类方法也很多，包括无机分散剂和有机分散剂。

无机分散剂：常用的无机分散剂有硅酸盐类（如水玻璃）和碱金属磷酸盐类（如三聚磷酸钠、六偏磷酸钠和焦磷酸钠等）。无机分散剂被广泛用于固体颗粒在水中的分散，其主要作用原理是调整颗粒表面电性和表面润湿性，促使颗粒在水中分散，同时也能影响分散体系的酸碱性和离子组成。

有机分散剂：常用的有机分散剂有柠檬酸、单宁酸、草酸、CMC、十二烷基磺酸钠、聚丙烯酰胺等。有机分散剂随其特性不同，在水中或在有机介质中均可使用。有机分散剂的主要作用原理是药剂在颗粒表面吸附，既可增加表面电位的绝对值，又使颗粒间出现强烈的位阻效应，同时还可增强颗粒的亲水性，从而使体系达到稳定的分散状态。

3.4.4.3　其他类浮选药剂

浮选中还有一些难以包括在上述分类内的药剂，如实践中常用的脱药剂和消泡剂等。

脱药剂：常用的脱药剂有酸、碱、硫化钠和活性炭等。其中酸和碱常用来造成一定的pH值，使捕收剂失效或从颗粒表面脱落；硫化钠常用来解吸固体表面的捕收剂薄膜，脱药效果较好；活性炭具有很强的吸附能力，常用来吸附矿浆中的过剩药剂，促使药剂从颗粒表面解吸，但使用时应严格控制其用量，特别是混合浮选粗精矿分离前的脱药，用量过大往往会造成分离浮选时的药量不足。

消泡剂：由于某些捕收剂（如烷基硫酸盐、丁二酸磺酸盐、烃基氨基乙磺酸等）的起泡能力很强，常影响分选效果和疏水性产物的输送，因此，生产中常采用有消泡作用的高级脂肪醇或高级脂肪酸、酯、烃类，消除过多泡沫的有害影响。例如在烷基硫酸盐溶液中，单原子脂肪醇和高级醇组成的醇类以及碳原子数目为 16~18 的脂肪酸具有很好的消泡效果。又如，在油酸钠溶液中，饱和脂肪酸具有较好的消泡效果；而在烷基酰基磺酸盐溶液中，碳原子数目大于 12 的饱和脂肪酸及高级醇具有良好的消泡效果。

习　　题

3-1　浮选药剂有哪几种不同标准分类方式？

3-2　捕收剂的特点是什么，有哪些作用？

3-3　简述黄药的主要性质及其与硫化物矿物的作用原理。

3-4　简述有机酸类捕收剂的种类，捕收能力及其作用原理。

3-5　简述胺类捕收剂的主要性质及其与硅酸盐矿物的作用原理。

3-6　常用起泡剂有什么结构特点，分为几类？

3-7　简述起泡剂在浮选过程中的作用。

3-8　简述起泡剂结构如何影响起泡性。

3-9　抑制剂的作用机理是什么？

3-10　活化剂的作用机理是什么？

3-11　常用的 pH 值调整剂有哪几种？

3-12　Na_2CO_3 可作为什么类型的调整剂，各自起几种作用？举例说明。

3-13　举例说明絮凝剂的类型、用途与作用机理。

4 界面分选设备

本章要点:

(1) 浮选机的性能要求与分类。

(2) 自吸气机械搅拌式浮选机的工作原理与性能、结构特点。

(3) 充气机械搅拌式浮选机的工作原理与性能、结构特点。

(4) 气升式浮选机的工作原理与性能、结构特点。

4.1 浮选机性能的基本要求

浮选机是实现界面分选的主要设备,调浆设备、浮选药剂的添加设备及乳化装置则属于浮选的辅助设备。

矿浆与给药机添加的药剂,先在调浆设备中利用机械搅拌进行一段时间的调浆,使浮选药剂在矿浆中均匀分散与溶解,同时与矿粒充分接触与混合,促进两者之间的相互作用,为矿物浮选创造良好的条件。经调浆后的矿浆送入浮选机,在其中进行搅拌和充气,使目的矿物选择性黏附在气泡表面,气泡发生选择性矿化。矿化气泡升浮至矿浆表面,聚集成矿化泡沫层,经刮板刮出或以自溢方式流出,得到泡沫产品;亲水矿物则自槽底排出,实现矿物的浮选分离过程。浮选经济指标的好坏与浮选机的性能密切相关。

根据浮选工业实践经验、气泡矿化理论以及浮选机流体动力学特性研究的结果,对浮选机性能提出如下基本要求:

(1) 良好的充气作用。在泡沫浮选过程中,气泡既是矿物选择性分离的分选界面,又是欲浮疏水性矿物的运载工具。为了增加矿粒与气泡接触碰撞机会,造成有利的附着条件,并能将疏水性矿粒及时运载到矿浆表面,在浮选机内必须具有足够大的气泡表面积,且气泡亦应有适宜的浮升速度,因此,浮选机必须保证能向矿浆中压入(或吸入)足量的空气,并使这些空气在矿浆中充分弥散,以便形成大量大小适宜的气泡,同时这些弥散的气泡又能均匀地在浮选槽中分布。不同的矿石及不同的浮选作业(粗选、精选及扫选)各有其合适的充气量,因此浮选机的充气量要便于调节。

(2) 足够强的搅拌作用。矿粒在浮选机内的悬浮效率,是影响矿粒向气泡附着的另一个重要方面。为了使矿粒与气泡能充分接触,应该是全部矿粒都处于悬浮状态。搅拌作用除了造成矿粒悬浮外,还能使矿粒在浮选槽内均匀分布,从而创造矿粒与气泡充分接触与碰撞的良好条件。此外,搅拌时间还可促进某些难溶性药剂的溶解和分散。

(3) 能形成比较稳定的泡沫区。在矿浆表面应保证能够形成比较平稳的泡沫区,以使矿化气泡形成一定厚度的矿化泡沫层,在泡沫区中,矿化泡沫层既能滞留目的矿物,又能使一部分夹杂的脉石从泡沫中脱落，以利于进行"二次富集"作用。

（4）能连续工作便于调节。工业上使用的浮选机，应能连续给矿和排矿，以适应矿浆流在整个浮选生产过程中连续性的特点。为此，浮选机上应有相应的受矿、刮泡和排矿机构。为了调节矿浆水平面、泡沫层厚度以及矿浆流动速度，亦应有相应的调节机构，且便于调节和控制。

（5）此外，为适应选矿厂自动化的要求，浮选机应工作可靠，零部件使用寿命长，浮选机要便于操作、控制，其操纵装置必须有程序模拟和远距离控制的能力。

浮选机性能是影响浮选技术经济指标的重要因素，目前尚无评价浮选机性能的统一标准，一般参考下列各项来评价浮选机性能：

（1）充气性能和浮选指标（精矿品位及金属回收率）。

（2）处理效率。按单位体积、单位时间处理的矿量评价。

（3）处理成本。按单位原矿计的浮选成本，含设备造价、安装、操作、维修等费用来综合评价。

（4）按单位原矿计的浮选机动力消耗。

4.2 浮选机充气及搅拌原理

矿浆充气和气泡矿化是浮选的两个主要过程，因此浮选机的工作效率也主要取决于这两个过程能否充分进行。浮选机充气程度是指矿浆中的空气含量（充气量）、气泡的分散程度和气泡在矿浆中分布的均匀性。一般充气程度越好，空气弥散越好，气泡分布越均匀，则矿粒与气泡接触碰撞的机会也越多，这种浮选机的工艺性能也就越好。

充气量即单位时间、单位浮选机面积通过的空气量，单位为 $m^3/(m^2 \cdot min)$，可用量筒法或充气量测量仪测定。充气均匀度指气泡在矿浆中分布的均匀性，用充气均匀度 K 衡量，K 计算公式为：

$$K = 100 - \frac{\sum_{i=1}^{n} |Q_i - Q_m|}{nQ_m} \times 100\% \tag{4-1}$$

式中 Q_i ——被测点充气量，$m^3/(m^2 \cdot min)$；

Q_m ——各测点充气量的算术平均值，$m^3/(m^2 \cdot min)$；

n ——测量点数。

分布的均匀性可通过测量矿浆液面不同深处的充气量，然后用"充气容积利用系数" F 来衡量，F 计算公式为：

$$F = \frac{n - n'}{n} \times 100\% \tag{4-2}$$

式中 n，n' ——分别为充气量测定的总点数和充气量小于 $0.1m^3/(m^2 \cdot min)$ 的点数。

4.2.1 浮选机内气泡的形成方式

现代浮选多采用首先吸入或压入空气，然后再分散或析出形成气泡的方式，具体方式如下：

（1）机械作用粉碎空气流形成气泡。气泡的大小取决于矿浆流动紊乱程度、气-液界面张力大小。此法应用得较为普遍，如机械搅拌式浮选机和充气搅拌式浮选机，气泡的形成就是采用这种方法。在这些浮选机内，通常都是用叶轮等机械搅拌器对矿浆进行激烈地搅拌，使矿浆产生强烈地漩涡运动。由于矿浆漩涡作用，或矿浆、气流垂直交叉运动的剪切作用，以及浮选机的导向叶片或定子的冲击作用，使吸入或压入的空气流被分割成细小的气泡。矿浆与空气的相对运动速度差越大，矿浆流越紊乱，气流被分割成单个气泡的速度也越快，所形成的气泡也就越小。

（2）压入空气引入气流，通过多孔细孔介质板形成气泡。在某些浮选机（如浮选柱）内，压入的空气通过带有细小孔眼的多孔陶瓷、微孔塑料等特制的充气器时，就会在矿浆中形成细小气泡。这种方式形成气泡，要求空气压力要适当。在充气器一定时，如果压力过小，则不能克服介质阻力，这时空气不能有效透过，气泡数量少；反之，如果压力过大，则又容易形成喷射气流而不成泡，并造成矿浆液面不稳定。

（3）将气泡从矿浆中析出，可采用真空或电解方式。在标准状态下，空气在水中的溶解度约为2%，当降低压力或升高温度时，被溶解的气体将以气泡的形式从溶液中析出。从溶液中析出的气泡具有两个特点：一是直径小，分散度高，所以在单位体积矿浆内，将有很大的气泡表面积；二是这种气泡能有选择性地优先在疏水矿物表面上析出，因而称为"活性微泡"。近年来，人们比较重视利用这种活性微泡来强化浮选过程，微泡在矿粒表面的析出有利于突破矿粒与气泡之间的水化层。当粗粒表面有微泡时，其他气泡可通过微泡附着到矿粒上，形成无残余水化膜的附着，或大量微泡附着到粗粒矿物上构成气泡絮凝体而上浮，从而强化粗粒浮选。

4.2.2　浮选机内矿浆的充气程度

4.2.2.1　矿浆充气程度的影响因素

矿浆的充气程度与许多因素有关，如浮选机的类型、充气器的结构与位置、分散气流的方法、搅拌强度、浮选槽的几何形状及尺寸、矿浆浓度、起泡剂性能和用量等，并且它们之间是相互关联的。

矿浆充气程度会直接影响气泡的矿化过程、浮选速度、工艺指标和浮选药剂用量。强化充气，可以使浮选速度加快，增加浮选机的生产能力；此外，强化充气在一定程度上还可以降低药剂用量，尤其是起泡剂的用量。

4.2.2.2　空气在矿浆中的弥散程度

当充气量一定时，空气在矿浆中的分散程度越好，即气泡越小，所能提供的气泡总表面积也越大，弥散越均匀，矿粒与气泡接触碰撞的机会也越多，因而有利于浮选。但是气泡又不能太小，气泡过小会导致不能携带矿粒上浮或升浮速度太慢。

添加起泡剂可以改善气泡的弥散程度，加强搅拌作用可以有效地促进空气在矿浆中的弥散和在槽内的均匀分布。研究还表明，矿浆浓度也影响空气弥散度，浓度太高或太低均有不利影响。

4.2.2.3　空气在矿浆中分布的均匀性

在机械搅拌式浮选机和充气搅拌式浮选机内，提高搅拌强度可以改善气泡分布的均匀性和弥散程度。搅拌强度与浮选机搅拌器的结构参数、浮选槽的几何形状、搅拌装置的位置、机械搅拌器的转数、介质板的几何参数、空气压力的大小等密切相关。如机械搅拌器结构参数包括叶轮形状、叶数、直径、叶片高度等。矿浆浓度也对气泡分布有影响，实践表明矿浆浓度在 25%~35% 范围内气泡分布的均匀性最好，浮选效率也最高。

另外，气泡在矿浆中分布的均匀程度会影响浮选机槽体的"有效容积"（或称"容积有效利用系数"）。在浮选槽内的矿浆中，并不是所有的容积部分都存有气泡，只有在存有气泡的那部分容积内，矿粒和气泡才有接触碰撞和矿化的机会，故含有气泡的那部分容积，称为"充气容积"或"有效容积"。所以，气泡在矿浆中分布的均匀性，会直接影响浮选机的工作效率。

4.2.3　浮选机的充气量

浮选机的充气量与其引入空气的方式密切相关，浮选机主要通过三种方式引入空气：一是靠搅拌器产生的负压自行吸入，二是靠风机压入充气，三是矿浆析出空气。机械搅拌式浮选机的充气量与搅拌器的结构参数、叶轮转数、槽子深度、矿浆浓度等因素有关。

4.2.3.1　叶轮转数与槽子深度

叶轮旋转时，其形成的工作压头（动能）、真空度和矿浆静压头之间的关系可用式（4-3）表示：

$$h_0 = \frac{3v^2}{2g} - H \qquad (4\text{-}3)$$

式中　h_0——浮选机叶轮旋转时所形成的真空度，Pa；

v——叶轮外圆周速度，m/s；

H——矿浆静压头，m；

g——重力加速度，m/s²。

由式（4-3）可以看出，叶轮旋转产生的负压与矿浆的静压差值越大，造成的真空度越高，浮选机的自吸入空气量也就越大。叶轮旋转产生的负压与其外缘转速的平方成正比，所以转速越高，矿浆被甩出去的速度也越大，因而提高了叶轮附近的负压，使充气量增大；同时受槽深影响，搅拌器的安装位置直接影响矿浆静压头，浅槽浮选机的充气效果更好。

4.2.3.2　搅拌器结构参数

叶轮的型式、形状、直径大小、叶片的高度与倾角、叶片的数量和叶轮间隙（转子与盖板距离）等，都会显著影响浮选机的充气量和气泡分散程度。叶轮型式主要有离心式叶轮、棒型轮、笼型转子、星型轮等。

4.2.3.3　矿浆浓度

矿浆浓度增大会显著增加矿浆的黏度，降低矿浆的紊流程度，使转子所受阻力增加，影响矿浆向外甩出的速度，因而影响其吸气量和气泡的分散程度。加大搅拌器的旋转速度可以弥补矿浆浓度升高的影响，但会显著增加搅拌器的磨损速度，甚至造成某些脆性矿物泥化。因此，为控制叶轮的磨损速度，矿浆浓度一般在 45% 以下，机械搅拌式浮选机的叶轮外缘旋转速度均不超过 10m/s。

4.3 浮选机的分类

按充气和搅拌方式的不同，可将浮选机分为 4 种基本类型，如表 4-1 所示。它们各有特色，均有各自的适用场合与优缺点。

表 4-1 浮选机分类一览表

浮选机类型	充气和搅拌方式	典型设备
自吸气机械搅拌式浮选机	机械搅拌式（自吸入空气）	XJK 型浮选机、JJF 型浮选机、BF 型浮选机、SF 型浮选机、GF 型浮选机、TJF 型浮选机、棒型浮选机、维姆科浮选机、XJM-KS 型浮选机、XJN 型浮选机、丹佛-M 型浮选机
充气机械搅拌式浮选机	充气与机械搅拌混合式	CHF-X 系列浮选机、XCF 系列浮选机、KYF 系列浮选机、丹佛-DR 型浮选机、美卓 RCS 浮选机、道尔-奥利弗浮选机
气升式浮选机	压气式（靠外部风机压入空气）	KYZ 型浮选柱、旋流-静态微泡浮选柱、XJM 型浮选柱、FXZ 系列静态浮选柱、CPT 型浮选柱、维姆科浮选柱、Contact 浮选柱
减压式浮选机	气体析出或吸入式	XPM 型喷射旋流式浮选机、埃尔摩真空浮选机、卡皮真空浮选机、詹姆森浮选机、达夫卡拉喷射式浮选机

4.3.1 自吸气机械搅拌式浮选机

自吸气机械搅拌式浮选机的共同特点是：矿浆的充气和搅拌均靠机械搅拌器（转子和定子系统，即充气搅拌结构）来实现。由于搅拌机构的结构不同，自吸气机械搅拌式浮选机的型号也比较多，如离心式叶轮、棒型轮、笼型转子、星型转子等。生产中应用较多的自吸气机械搅拌式浮选机是下部气体吸入式，即在浮选槽下部的机械搅拌器附近吸入空气。充气搅拌器具有类似泵的抽吸特性，既能自吸入空气，又能自吸入矿浆，因而在浮选生产流程中可实现中间产物自流返回再选，不需要砂泵扬送，这在流程配置方面显示出明显的优越性和灵活性；由于转子转速快，搅拌作用较强烈，有利于克服沉槽和分层现象；在国内外的浮选生产中一直广为采用。

自吸气机械搅拌式浮选机的不足之处主要是结构复杂，转子转速较高，单位处理量的能耗较大，转子-定子系统磨损较快，而且随着转子-定子系统的磨损，充气量不断降低；另外，由于转子-定子系统圆周上磨损的不均匀性，容易造成矿浆液面的不平衡，出现"翻花现象"，影响设备的工作性能。

4.3.1.1 SF 型浮选机

中国北京矿冶研究总院生产的 SF 型浮选机的结构简图如图 4-1 所示，其主要由电动机、吸气管、中心筒、槽体、叶轮、主轴、盖板、轴承体等部件组成，有效容积大于 $10m^3$ 的槽体增设导流筒、假底和调节环。叶轮安装在主轴的下端，电动机通过安装在主轴上端的皮带轮，带动主轴和叶轮旋转。空气由吸气管吸入。叶轮上方装有盖板和中心筒。

浮选机工作时，电动机带动叶轮高速旋转，叶轮上叶片与盖板间的矿浆从叶轮上叶片间抛出，同时在叶轮与盖板间形成一定的负压。由于压差的作用，将空气经吸气管自动吸入，并从中心矿管和给矿管吸入矿浆。矿浆与空气在叶轮与盖板之间形成漩涡而把气泡进一步细化,并经盖板稳流后而进入到整个槽子中;又由于叶轮下叶片的作用力,促使下部矿浆循环,以防止粗颗粒矿物发生沉槽现象。

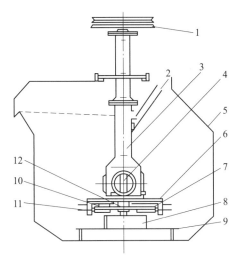

图 4-1　SF 型浮选机

1—带轮;2—吸气管;3—中心筒;4—主轴;5—槽体;6—盖板;7—叶轮;8—导流管;

9—假底;10—上叶片;11—下叶片;12—叶轮盘

SF 型浮选机的主要特点包括:(1)采用后倾式叶片叶轮,造成槽内矿浆上下循环,可防止粗粒矿物沉淀,有利于粗粒矿物的浮选;(2)叶轮的线速度比较低,易损件使用寿命长;(3)单位容积的功耗比同类型浮选机低 10%~15%,吸气量提高 40%~60%。生产中使用的 SF 型浮选机设备规格及性能见表 4-2。

表 4-2　SF 型浮选机的技术规格

型号	有效容积 /m³	处理能力 /m³·min⁻¹	叶轮直径 /mm	叶轮转速 /r·min⁻¹	搅拌用电机 功率/kW	刮板用电机 功率/kW
SF-0. 37	0. 37	0. 2~0. 4	300	352~442	1. 5	0. 55
SF-0. 7	0. 7	0. 3~1. 0	350	336	3	1. 1
SF-1. 2	1. 2	0. 6~1. 2	450	312	5. 5	1. 1
SF-2. 8	2. 8	1. 5~3. 5	550	280	11	1. 5
SF-4	4	2~4	650	235	15	1. 5
SF-6	6	3~6	760	191	30	2. 2
SF-8	8	4~8	760	191	30	2. 2
SF-16	16	5~16	850	169	45	2. 2
SF-20	20	5~20	850	169	45	2. 2

4.3.1.2　维姆科浮选机

美国西部机械公司(Western Machimery Company)生产的威姆科(Wemco)浮选机,既有单槽的,也有多槽的,产品系列庞大。单个浮选槽的有效容积有 11 种规格:5m³,10m³,20m³,30m³,40m³,60m³,70m³,100m³,130m³,160m³ 和 250m³。维姆科浮选机的结构如图 4-2 所示,它由星型转子、定子、锥型罩、导管、竖管、假底、空气进入管及槽体等组成。当维姆科浮选机的星型转子旋转时，在竖管和导管内产生涡流，此涡流可形成足够的负压，空气从槽表面被吸入管内，被吸入的空气在转子与定子区内与从转子下面经导管吸进的矿浆混合，由转子旋转造成的切线方向的浆、气混合流，经定子的作用转换成径向运动，并被均匀地甩到槽体内，在这里颗粒与气泡碰撞、接触、黏附形成矿化气泡，上升至泡沫区聚集成泡沫层，由刮板刮出即为疏水性产物。槽体内浆、气混合流的运动路线如图 4-3 所示，由于采用了矿浆下循环的流动方式，没有激烈的矿浆流冲入槽体上部，所以槽体虽浅，矿浆面仍比较平稳。同时下循环还可以防止物料在槽底的沉积。槽体下部设计成梯形断面，有利于促使矿浆的下循环。

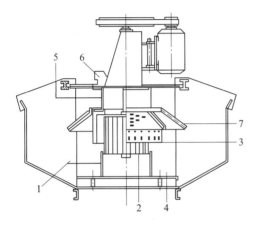

图 4-2　维姆科浮选机结构示意图
1—导管；2—转子；3—定子；4—假底；
5—竖管；6—空气进入管；7—锥型罩

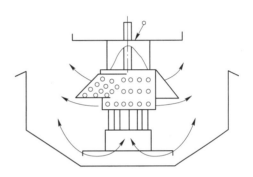

图 4-3　槽体内矿浆流动方式

维姆科浮选机的性能好，应用较为普遍。这类浮选机的主要特点包括如下几方面：

（1）采用了新型的充气搅拌器组。维姆科浮选机的充气搅拌器组只有转子和定子两个部件（所以称之为"1+1"结构），除转子轴套外，全部用橡胶或聚合物制成，使结构大为简化（见图 4-4）。转子是带有 8 个（或 10 个）径向片的星型轮，由于它和矿浆有较大的接触面积，增强了搅拌力，因而可以在较低的转速下工作。定子做成带有椭圆形孔眼的圆筒，在定子内侧分布着半圆柱状的肋条，可起导向和提高负压作用。转子和定子间的空隙较大，可消除转子和定子间的涡流。据此设计，由转子向外，浆、气混合流不是沿切线，而是沿径向方向抛甩到槽中，使浆、气混合流在槽内均匀分布，同时形成较为稳定的矿化气泡。

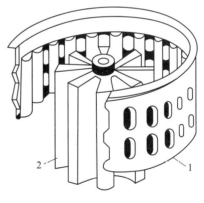

图 4-4　充气搅拌器外形
1—定子；2—星型转子

（2）槽体下部装有与导管相连接的假底。维姆科浮选机中假底不紧贴底壁，可使矿浆通过假底和槽底之间，并经导管实现下循环。由于改进了矿浆的运动路线，可以设计成浅槽，降低转子的受水深度，因而可增大充气量，降低能耗。

（3）在竖管上装设有带众多排列整齐的孔眼的锥型罩。维姆科浮选机竖管上装设的锥型罩实质是一种稳定器，用来稳定槽体上部的泡沫区，防止矿浆对泡沫层产生扰动，可使转子产生的涡流区远离泡沫区，形成平稳的矿浆面。

（4）单位槽体容积的生产能力大。在维姆科浮选机中，整个浮选作业的各个槽体之间没有中间室，槽内矿浆可以直接自流通过，所以按单位槽体容积计算的生产能力较大。泡沫产品可以单面或双面刮出，其产率可以通过泡沫挡板进行调节。

4.3.1.3　JJF 型浮选机

JJF 型浮选机是参考维姆科型浮选机的工作原理设计的，属于一种槽内矿浆下部大循环自吸气机械搅拌浮选机，其结构如图 4-5 所示。叶轮机构由叶轮、定子、分散罩、竖筒、主轴及轴承体组成，安装槽体的主梁上，由电动机通过三角皮带驱动，在槽体下部设置有假底和导流管装置。

JJF 型浮选机的主要特点是：（1）自吸气，不需要设风机和供风管道；（2）叶轮浸入槽内矿浆深度浅，能自吸入足够的空气，可达 $1.1\mathrm{m}^3/(\mathrm{m}^2\cdot\mathrm{min})$；（3）借助于假底、导流管装置，促进矿浆下部大循环，循环区域大，保持矿粒悬浮；（4）借助于分散罩装置，矿浆面很稳定，有利于矿物分选；（5）叶轮直径小，圆周线速度比较低，叶轮与定子间隙大（一般为 100～500mm），叶轮磨损轻。

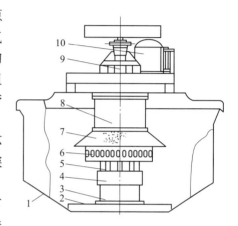

图 4-5　JJF 型浮选机结构简图

1—槽体；2—假底；3—导流管；4—调节阀；
5—叶轮；6—定子；7—分散罩；
8—竖筒；9—轴承体；10—电动机

4.3.1.4　XJM-KS 型浮选机

XJM-KS 型浮选机主要用于选煤厂的煤泥浮选，其结构如图 4-6 所示。XJM-KS 型浮选机的结构从总体上可分为预矿化器和浮选机两大部分。预矿化器由稳压管、喷射器、喉管和扩散管等几个部分组成，通过浮选机入料下导管与浮选机相连。来料矿浆首先进入预矿

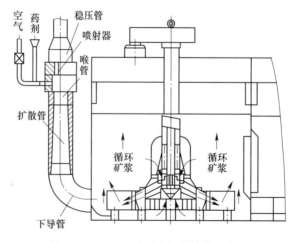

图 4-6　XJM-KS 型浮选机的结构示意图

化器，完成：（1）管道扩径稳压；（2）喷射器射流吸入药剂、空气，微泡选择性析出；（3）湍流弥散空气和微泡矿化预选。然后再进入浮选机分选。

预矿化器不仅简化了矿浆预处理环节，而且强化了后续分选，提高了浮选机的处理能力。XJM-KS 型浮选机采用假底底吸、周边串流入料方式。经过预矿化器完成预矿化的矿浆，首先进入分选槽的假底下部，由叶轮下吸口吸入叶轮下层，当给入的矿浆量大于叶轮下层吸浆能力时，多余矿浆通过假底周边向上进入假底上搅拌区，与气泡接触进行再次矿化；当给入的矿浆量小于叶轮下层吸浆能力时，槽内部分矿浆通过假底进入下层叶轮，增大循环量。对于可浮性好的煤泥，可提高浮选机的处理能力；对于可浮性差的煤泥，通过增大循环量可改善浮选效果。

4.3.2　充气机械搅拌式浮选机

充气机械搅拌式浮选机既要外加充气（一般用高压鼓风机），又要进行机械搅拌，主轴部件即机械搅拌部分只起搅拌矿浆和分散空气的功能，没有自吸入空气和自吸入矿浆的能力。因此，机械搅拌部分的转速可以较低，叶轮与定子之间的间隙比较大，叶轮、定子使用寿命长，浮选槽中的充气量可根据处理物料的性质和作业条件的不同任意调节，最小充气量可控制在 $0.1 m^3/(m^2 \cdot min)$ 以下，最大充气量可达 $1.8 \sim 2.0 m^3/(m^2 \cdot min)$。充气机械搅拌式浮选机的适用范围广，有利于向大型发展。目前浮选生产中使用的大型浮选机，除维姆科浮选机和 JJF 型浮选机外，其他都属于充气机械搅拌式浮选机。充气机械搅拌式浮选机的不足之处是：由于没有自吸入矿浆的能力，在浮选流程配制中各作业之间需要采用阶梯配置，中矿返回需要使用泡沫泵，给操作、维护带来一些不便。

4.3.2.1　KYF 型浮选机

中国北京矿冶研究总院生产的 KYF 型浮选机，除吸收了芬兰的 RCS 型浮选机和美国的道尔-奥利弗（Dorr-Oliver）浮选机的优点，采用"U"型槽体、空心轴充气和悬挂定子外，所采用的新式转子具有如下特点：

（1）叶片为后倾某一角度的锥台型叶轮。这种叶轮属于高比转速型，扬送矿浆量大，静压水头小，功耗低。

（2）在转子（叶轮）空腔中设计了专用空气分配器，使空气能预先均匀地分散在转子叶片的大部分区域内，提供了大量的矿浆-空气界面，从而将空气均匀地分散在矿浆中。

KYF 型浮选机的结构如图 4-7 所示。当电动机带动叶轮旋转时，槽内矿浆从四周经槽底由叶轮下端吸入叶轮与叶片之间，与此同时，由鼓风机压入的低压空气经中空轴进入叶轮腔的空气分配器中，通过空气分配器周边的孔流入叶轮与叶片之间；矿浆与空气在叶轮与叶片之间充分混合

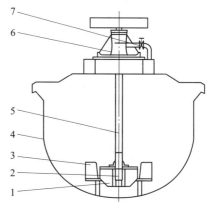

图 4-7　KYF 型浮选机的结构示意图
1—叶轮；2—空气分配器；3—定子；4—槽体；
5—主轴；6—轴承体；7—空气调节阀

后，由叶轮上半部周边排出，经安装在叶轮四周斜上方的定子紊流和定向后进入浮选槽。

KYF 型浮选机的设备特点为：（1）结构简单，维修工作量少；（2）空气分散均匀，矿浆悬浮好；（3）叶轮转速低，叶轮与定子之间间隙大，能耗低，磨损轻；（4）"U"型槽体，减少短路循环；（5）负荷启动；（6）配有先进的矿浆液面控制系统，操作管理方便。生产中使用的 KYF 型浮选机设备规格及性能见表4-3。

表4-3　KYF 型浮选机的技术规格

型号	有效容积 /m³	处理能力 /m³·min⁻¹	叶轮直径 /mm	叶轮转速 /r·min⁻¹	搅拌用电机 功率/kW	刮板用电机 功率/kW
KYF-1	1	0.2~1	340	281	4	1.1
KYF-2	2	0.4~2	410	247	5.5	1.1
KYF-3	3	0.6~3	480	219	7.5	1.5
KYF-4	4	1.2~4	550	200	11	1.5
KYF-8	8	3.0~8	630	175	15	1.5
KYF-16	16	4~16	740	160	30	1.5
KYF-24	24	6~24	800	153	37	1.5
KYF-38	38	10~38	880	138	45	1.5

4.3.2.2　XCF 型浮选机

XCF 型浮选机结构如图4-8所示，由"U"型槽体、带上下叶片的大隔离盘叶轮、径向叶片的座式定子、圆盘型盖板、中心筒、带有排气孔的连接管、轴承体以及空心主轴和空气调节阀等组成。深槽型槽体，有开式和封闭式两种结构。轴承体有座式和侧挂式，安装在兼作给气管的横梁上。XCF 型浮选机的突出特点是采用了既能循环矿浆以分散空气，又能从槽体外部吸入给矿和中矿泡沫的双重作用叶轮。一般的充气机械搅拌式浮选机由于压入低压空气，降低了叶轮中心区的真空压强（负压），使之不能吸入矿浆，而 XCF 型浮选机采用了具有充气搅拌区和吸浆区的主轴部件，两个区域由隔离盘隔开。吸浆区由叶轮上叶片、圆盘型盖板、中心筒和连接管等组成；充气搅拌区由叶轮下叶片和充气分配器等组成（见图4-9）。

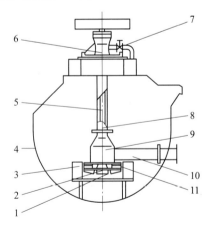

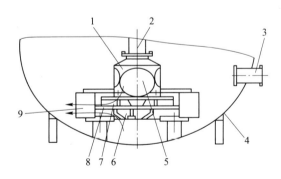

图4-8　XCF 型浮选机的结构示意图

1—叶轮；2—空气分配器；3—定子；4—槽体；
5—主轴；6—轴承体；7—空气调节阀；8—接管；
9—中心筒；10—中矿管；11—盖板

图4-9　XCF 型浮选机的主轴底端结构

1—中心筒；2—空心主轴；3—中矿管；4—槽体；
5—给矿管；6—叶轮下叶片；7—叶轮上叶片；
8—隔离盘；9—定子

电动机通过传动装置和空心主轴带动叶轮旋转，槽内矿浆从四周通过槽子底部经叶轮下叶片内缘吸入叶轮下叶片间。与此同时，由外部压入的空气，通过横梁、空气调节阀、空心主轴进入下叶轮腔中的空气分配器，然后通过空气分配器周边的小孔进入叶轮下叶片间；矿浆与空气在叶轮下叶片间进行充分混合后，由叶轮下叶片外缘排出。由于叶轮旋转和盖板、中心筒的共同作用，在吸浆区产生一定的负压，使中矿泡沫和给矿通过中矿管和给矿管吸入中心筒内，并进入叶轮上叶片间，最后从上叶片外缘排出。叶轮下叶片外缘排出的矿浆空气混合物与叶轮上叶片外缘排出的中矿和给矿经安装在叶轮周围的定子稳流并定向后，进入槽内主体矿浆中。

4.3.2.3 RCS 型浮选机

芬兰的美卓（Metso）矿物公司生产的 RCS(reactor cell system) 型充气机械搅拌式大容积浮选机，已在世界上得到广泛应用。RCS 型浮选机采用圆筒型槽子，其中 RCS-200 型浮选机的槽子高度为 9.4m、直径为 7m。RCS 型浮选机是在深叶片充气系统的基础上开发研制的，其充气系统的结构能确保矿浆向着槽壁呈强劲的径向环流，并朝着转子下方强烈回流，因而能避免浮选机发生沉槽现象。为 RCS 型浮选机研制的 DV 型充气设备，是由一个安装在空心轴上的锥型转子和一个定子构成的。转子上有着特殊形状的下层平面的、垂直的叶片和分散格板。空气经空心轴和转子被分散后，撞击到定子的固定叶片上。RCS 型浮选机的浮选槽有效容积有 12 种规格：5m³、10m³、15m³、20m³、30m³、40m³、50m³、70m³、100m³、130m³、160m³ 和 200m³。

4.3.3 气升式浮选机

气升式浮选机的结构特点是没有机械搅拌器，也没有运转部件，矿浆的充气和搅拌是依靠外部铺设的风机压入空气来实现的。在气升式浮选机中，分散空气基本上都是通过以下 3 种方法实现：

（1）气动法，即气体在加压条件下通过浸没在矿浆中的多孔部件形成气泡。

（2）液压法，即流动的液体表面捕获气相。

（3）喷气法，即在空气流喷入液体时，气体升入到有限的空间，吸住液体，与液体混合，并分散成细小气泡。

在气升式浮选机中最简单的矿浆充气方法，就是使气体加压后通过分散器的孔隙。这种类型的充气设备使用最广泛的是由橡胶、金属、聚乙烯、滤布、毛毡和其他材料制成的多孔管、多孔板、多孔圆盘，在加压下使空气通过这些多孔部件。气升式充气器的一个共同的缺点是要获取大量细小气泡（在浮选矿泥时尤其需要）比较麻烦。无论是具有刚性的，还是弹性的气孔空气分散器的使用年限都不会太长，一般都只有几个月时间。

浮选柱可称为柱型气升式浮选机，它的研制及其工业应用，已成为浮选设备和工艺发展的主要方向之一。仅在俄罗斯，最近 10 年间已颁发了 80 多项有关柱型气升式浮选机及其充气器设计的专利。例如，在巴西的一些 20 世纪 90 年代投产的采用浮选工艺的铁矿石选矿厂中，在所有的浮选作业全都采用了浮选柱。采用浮选柱进行分选时，由于能很好地浮选细粒级物料，所以回收率一般都比较高，同时由于减少了机械夹杂和用水喷淋泡沫层，在一定程度上提高了精矿品位。然而，就浮选柱的广泛应用来说，目前还存在一些问题有待解决，例如必须使浮选槽的高度达到最佳化，需要制造能确保获得最佳粒度的气泡和气泡矿化的有效充气设备等。俄罗斯研制的浮选柱，最常见的高度是 4~7m；而加拿大和美国研制的一些浮选柱，高度一般都在 10~16m；中国生产的浮选柱直径为 0.6~4m，根据浮选作业的情况，高度为 5~9m。加拿大工艺技术公司研制的 CPT 浮选柱，其直径达到 5m，高度为 8~16m，配置 Slamjet 充气器，用于浮选各种矿石。Slamjet 充气器为空气型的充气器，与其他型号充气器的不同之处是这种充气器中安装了一个与膜片式发送器相连接的针型阀，以便在出现意外停止充入空气时会自动地堵住排气口，从而防止固体颗粒落入充气系统。这种充气器可使用 3 年以上，并且操作方便，分散器从浮选柱的外部沿着周边布置，可在不停机的情况下更换喷头。

4.3.3.1 KYZ-B 型浮选柱

我国北京矿冶研究总院生产的 KYZ-B 型浮选柱的结构如图 4-10 所示。

KYZ-B 型浮选柱主要特点有如下几方面：

（1）保证浮选柱内能充入足量空气，使空气在矿浆中充分地分散成大小适中的气泡，保证柱内有足够的气-液分选界面，增加矿粒与气泡碰撞、接触和黏附的机会。

（2）气泡发生装置所产生的气泡满足浮选动力学的要求，利于矿物与气泡集合体的形成和顺利上浮，建立一个相对稳定的分离区和平稳的泡沫层，减小矿粒的脱落机会。

（3）给矿器保证矿浆均匀地分布于浮选柱的截面上，运动速度较小不会干扰已经矿化的气泡。

（4）气泡发生装置优化了空间上的分布，可以消除气流余能，形成细微空气泡，稳定液面，防止翻花现象的发生；喷射气泡发生器采用了耐磨的陶瓷衬里，使用寿命长；微孔气泡发生器采用不锈钢烧结粉末，形成的气泡大小均匀，浮选柱内空气分散度高。

（5）泡沫槽增加推泡锥装置，缩短泡沫的输送距离，加速泡沫的刮出。

（6）充气量易于调节，操作简单方便。

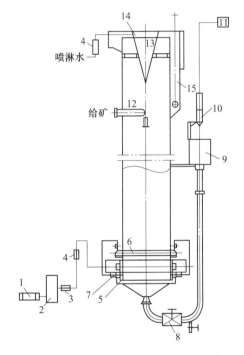

图 4-10 KYZ-B 型浮选柱结构示意图
1—风机；2—风包；3—减压阀；
4—转子流量计；5—总水管；
6—总风管；7—充气器；8—排矿；
9—尾矿箱；10—气动调节阀；
11—仪表箱；12—给矿管；13—推泡器；
14—喷水管；15—测量筒

（7）合理安排冲洗水系统的空间位置和控制冲洗水量大小，提高泡沫堰负载速率，泡沫可以及时进入泡沫槽，利于消除泡沫层的夹带，提高精矿品位。

（8）通过控制给气、加药、补水、调节液面，保证浮选过程顺利进行。

4.3.3.2 旋流-静态微泡浮选柱

旋流-静态微泡浮选柱（FCSMC 浮选柱）的分离过程包括柱体分选、旋流分离和管流矿化三部分，整个分离过程在柱体内完成，如图 4-11 所示。

柱分选段位于整个柱体上部；旋流分离段采用柱-锥相连的水介质旋流器结构，并与柱分离段呈上、下结构直通连接。从旋流分选角度，柱分离段相当于放大了的旋流器溢流管。在柱分离段的顶部，设置了喷淋水管和泡沫精矿收集槽；给矿点位于柱分离段中上部，最终尾矿由旋流分离段底口排出。气泡发生器与浮选管段直接相连成一体，单独布置在柱体体外；其出流沿切向与旋流分离段柱体相连，相当于旋流器的切线给料管。气泡发生器上设导气管。

管流矿化包括气泡发生器与管浮选段两部分。气泡发生器是浮选柱的关键部件，它采用类似于射流泵的内部结构，具有依靠射流负压自身引入气体，并把气体粉碎成气泡的双重作用。在旋流-静态微泡浮选柱分选设备内，气泡发生器的工作介质为循环中矿。经过加压的循环矿浆进入气泡

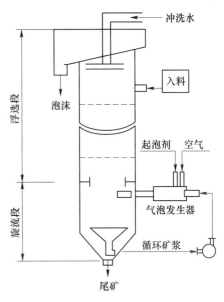

图 4-11　FCSMC 型浮选柱
工作原理示意图

发生器，引入气体并形成含有大量微细气泡的气-固-液三相体系。三相体系在浮选管段内高度紊流矿化，然后仍保持较高能量状态沿切向高速进入旋流分离段。这样管浮选段在完成浮选充气（自吸式微泡发生器）与高度紊流矿化（管浮选段）功能的同时，又以切向入料的方式在柱体底部（旋流分离段）形成了旋流力场。管浮选段为整个柱分离方法的各类分选方式提供了能量来源，并基本上决定了整个分选过程的能量状态。

当大量气泡沿切向进入旋流分离段时，由于离心力和浮力的共同作用，便迅速以旋转方式向旋流分离段中心汇集，进入柱分离段并在柱体断面上得到分散。与此同时，由上部给入的矿浆连同矿物颗粒呈整体向下塞式流动，与呈整体向上升浮的气泡发生逆向运行与碰撞。气泡在上升过程中不断矿化。旋流分离段不仅加速了气泡在柱体断面上的分散，更重要的是对柱分离中矿以及经过管浮选循环中矿的分选。在离心力作用下，呈向上向里运动的气泡（包括矿化气泡）与呈向下向外的矿粒发生碰撞与矿化，形成旋流力场条件下的表面分选过程。这种分选不仅保持了与矿浆旋流运动垂直的背景，而且受到了旋流力场强度的直接影响。力场强度越大，这种表面分选作用就越强。

旋流分离作用贯穿于整个旋流分离段，它既形成了气泡与矿粒的分离，又形成了矿粒按密度的径向分布。这样，在实现自身旋流分离的同时，旋流力场又构成了与其他分选方式的联系与沟通，成为整个分选过程的中枢。作为表面浮选的补充，旋流分离从整体上强化了分选与回收。对于矿物分选来说，柱分离段和旋流分离段的联合分选具有十分重要的意义，柱分离段的优势在于提高选择性，保证较高的产品质量；而旋流分离段的相对优势在于提高产率，保证较高的产品数量。

旋流分离的底流采用倒锥型套锥进行机械分离，倒锥型套锥把经过旋流力场充分作用的底部矿浆机械地分流成两部分：中间密度物料进入内倒锥，成为循环中矿；高密度的物料则由内外倒锥之间排出成为最终尾矿。循环中矿作为工作介质完成充气与管浮选过程并形成旋流力场，其特点为：（1）减少了脉石等物质对分选的影响；（2）使中等可浮物在

管浮选过程中高度紊动矿化；（3）减少了循环系统特别是关键部件自吸式微泡发生器的磨损。

FCSMC 浮选柱集柱浮选与旋流分选于一体，构建旋流粗选、管流矿化、旋流扫选的循环中矿分选链。采用旋流分选和管流矿化提高了分选效率，使柱高与传统浮选柱相比大幅度降低。其突出优点是：设备运行稳定，操作维护方便，处理能力强，工艺流程简单。

4.3.4　减压式浮选机

詹姆森浮选槽属于一种减压式浮选机，由澳大利亚的 Graeme Jameson 教授研制并已得到推广应用，其操作系统如图 4-12 所示，设备可分为下导管、槽内矿浆区和槽内泡沫区 3 个主要区域。詹姆森浮选槽的突出特点是在特殊设计的下导管中实现矿化，同时也证实了射流式充气的极好效果。詹姆森浮选槽工作时，矿浆给入给矿池，然后用泵送入下导管内与空气充分混合，使疏水性颗粒与气泡充分接触。此后，矿浆从下导管的底部进入浮选槽，在这里矿化气泡上升至槽子上部，形成泡沫层。詹姆森浮选槽的下导管数目依据设备的规格而定，可以仅有 1 个，也可以多达 30 个。在下导管中，气泡与颗粒发生碰撞、接触和黏着，整个矿化过程如图 4-13 所示。

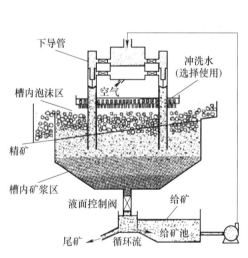

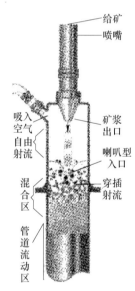

图 4-12　詹姆森浮选槽操作系统示意图　　　图 4-13　詹姆森浮选槽的下导管

在图 4-13 所示的下导管内，存在着自由射流、喇叭型入口、穿插射流、混合区和管道流动区。矿浆在压强的作用下从喷嘴出口处以自由射流的形式喷出时，在下导管中形成负压区，将空气吸入到下导管中。自由射流接触下导管中的矿浆时，对矿浆表面施加一冲击压强的作用，形成一喇叭型入口，从而将自由射流周围的空气包裹层引入矿浆中。在喇叭型入口的底部，自由射流以穿插射流的形式进入下导管中的矿浆内，穿插射流的高剪切速率使引入矿浆中的空气层碎散成众多的小气泡。在混合区，穿插射流产生一个强烈的能量扩散和湍流区域，将动量传递到周围的混合物中，并扩展到下导管的整个断面，形成反复循环的充气矿浆漩涡，使颗粒与气泡充分接触。在混合区下边的管流区是一个均匀的多相体系，由于向下运动速度抵消了矿化气泡的向上浮力，矿化气泡集结在一起，形成高孔隙率的移动矿化气泡层。詹姆森浮选槽广泛用于煤泥浮选生产中。通过浮选槽内尾煤的部分循环既可以消除选煤装置内物料流的波动，保持供给下导管的矿浆速度稳定，也可以通过增加气泡与颗粒碰撞黏结的可能性来提高浮选精煤的产量和回收率。

4.4 浮选机的发展趋势

我国在浮选设备的研发方面起步较晚，从 20 世纪 60 年代开始对浮选设备进行研发与推广，现有的浮选设备主要有机械搅拌式浮选机和充气搅拌式浮选机。近年来，浮选设备的研究方向主要有大型化、精细化、专业化、自动化、节能化等。

4.4.1 设备大型化

随着经济的快速增长，对矿产资源的需求量不断增大，而矿产资源的不断开发利用使得高品位、易选矿不断减少，因此低贫矿的开采量将随之增大，浮选设备的大型化已成为必然趋势。机械搅拌式浮选机工作性能良好，在浮选设备中占据着绝对主导地位。沈政昌等针对机械搅拌式浮选机的放大设计作了大量的研究工作。浮选机在进行放大设计时，首先应保证浮选机形状相似，具体表现在槽体相似、叶轮搅拌机构的几何尺寸相似，这是保证浮选机流体动力学相似的前提；其次要保证浮选机浮选动力学相似，用雷诺数 Re 来表征其流体的流动特性，当浮选机容积较小时，叶轮设计可依据叶轮平均搅拌雷诺数 Re 相等的原则，但当浮选机容积较大时，Re 应遵循相应的放大规律。该类型浮选机放大设计方法同样适用于充气式机械搅拌浮选机。目前，工业应用的最大浮选机容积为 $680m^3$，该浮选机由矿冶科技集团研发，并在德兴铜矿成功获得工业应用。

4.4.2 设备精细化

随着设备大型化的发展，浮选设备各项性能的提高和细节的优化变得越来越重要。针对以工程经验和相似放大理论为核心手段在浮选机大型化、系统化的设计过程当中存在的设计周期长、经济成本高的问题，国内以北京矿冶研究总院为代表的研发机构引入了计算机流体模拟仿真技术 CFD，其能够模拟浮选机研发设计、结构优化及运行全过程，快速高效地完成设备优化设计，根据矿石的不同性质特点开展针对性地设计，保证设备性能可靠，细化支撑设备的开发。同时，引进了 3D-PIV 测速技术，能够测得浮选机内各矿粒的运动状态，针对不同分选环境，分析浮选机内部矿浆的全局流动和局部关键结构的流体动力学特性，提高了设备的研发水平。

4.4.3 设备专业化

由于不同矿山矿石性质、矿物组成、有用矿物嵌布粒度不同，矿物可浮性有所不同。按入选矿石的性质差异，可将浮选设备分为粗粒浮选设备、细粒浮选设备、氧化矿专用浮选设备、选煤用浮选设备等。

4.4.3.1 粗粒浮选设备

一般浮选机的最佳给料粒度为 $10\sim100\mu m$，当入选的矿石粒度大于或小于此粒度范围时，浮选的选别指标会大幅降低。然而很多入选的矿物存在密度大、嵌布粒度不均匀，以及呈现粗、细粒级分布较多和中间粒级分布较少等特点，对于此类矿物若能提高浮选机的入选粒度范围，对浮选意义重大。适用于较宽入选粒度范围的浮选机应具有以下特点：一是在搅拌区具有强有力的搅拌力，使得高密度矿粒不沉槽；二是需要较平稳的分离区和稳定的泡沫区，这样被矿化的颗粒不易脱落；三是要有较大的充气量和较短的浮选上升距离；四是通过叶轮的矿浆量要大。为此，矿冶科技集团研制了宽粒级浮选机，对浮选机的槽体、叶轮和定子结构进行了针对性地设计，将浮选入选粒度范围提升到 $0 \sim 400 \mu m$。宽粒级浮选机槽体采用内外双循环通道，且装有假底，能够增加循环量，使得在叶轮搅拌力不强条件下高密度矿物能够充分悬浮，从而使搅拌区循环量增大，分离区和泡沫区较为稳定。浮选机槽内装有格子板，在槽体内形成一层悬浮层，它能够使得高密度矿物在浅槽状态下浮选，减小高密度矿物的上升距离，且将分离区与搅拌区隔离开来，形成稳定的分离区和泡沫区。叶轮采用中比转速后倾式叶片，定子采用下盘封闭式径向短叶片定子，保证了矿浆在搅拌力较弱的情况下能够充分悬浮。

4.4.3.2 细粒浮选设备

细粒矿物由于质量小、比表面积大、表面能较高，导致疏水性目的矿物难于附着在气泡上，不易被矿化，浮选回收率低，且矿物与脉石间夹杂严重，影响精矿品位，因此，细粒浮选主要的研究方向为：一是提高目的矿物与气泡的碰撞概率，增强矿化作用，从而提高欲浮选矿物的回收率；二是减少矿化气泡中脉石矿物的夹杂，提高精矿品位。针对细粒矿的浮选，浮选设备应具有以下特点：充气量大、气泡小，以增强细粒目的矿物与气泡的碰撞接触概率；具有较厚的泡沫层；气泡中的夹杂量少等。目前研制成功且应用广泛的细粒浮选设备主要为浮选柱。浮选柱种类多，但各类浮选柱外形结构和工作原理相似，一般无搅拌装置，圆柱型或者方型槽体，具有较大的高径比，空气从浮选柱的底部给入产生气泡，矿浆从浮选柱的上部给入，与从下而上的气泡在静态环境下发生碰撞，被矿化的气泡在浮力作用下向上运动到达泡沫区，在冲洗水的作用下，进行二次富集，最终从溢流堰排出。用于细粒浮选的浮选柱主要有高效射流型浮选柱、充气填充式浮选柱、旋流-静态微泡浮选柱、磁浮选柱等。高效射流型浮选柱关键部件为充气搅混装置，喷嘴将给入的矿浆喷射到吸气室内，并形成负压，吸入空气，使得矿浆与空气混合均匀，在卷吸效应下，矿浆在下导管内很快被矿化，并进入扩大管，此时矿浆的动能转化为势能，由分散器将矿浆均匀分散到槽底，在槽内被再次矿化，此时矿浆压力减小，在槽底形成的气泡携带目的矿物上升形成泡沫层，矿粒的多次矿化提高了细粒矿物浮选品位和回收率。充气填充式浮选柱在柱体内部添加介质，使得柱内形成了许多狭窄曲折的通道，气泡被连续分割，形成大量微小气泡，且气泡上升的线路延长，增大了气泡与矿粒碰撞概率和黏附效率，从而提高细粒矿物浮选精矿品位和回收率。旋流-静态微泡浮选柱的主要特点是采用自吸射流成泡方式形成微泡，三相旋流分选与柱浮选相结合，使得矿物产生按密度分离与表面浮选的叠加效应，提高了细粒矿物的浮选效率。

4.4.3.3 氧化矿浮选设备

氧化矿在进行浮选时存在矿粒在气泡上附着不强、浮选泡沫细而黏、微细气泡上升速度小、矿浆中含有大量气泡、从槽内排出的泡沫不易破碎等特点，因此用于氧化矿浮选的设备应具有充气量大小可任意调节、浮选机槽内搅拌力要适中的特点。搅拌力太强会影响矿化，搅拌力太弱容易产生沉淀，需要叶轮-定子系统在槽内产生的流体能够满足槽内含有大量微细气泡的浮选动力学要求，且泡沫的返回不能采用泡沫泵，必须采用能够自吸入矿浆的浮选机。氧化矿浮选应采用外充气式具有吸浆能力和不具有吸浆能力的组合浮选机组进行浮选，叶轮采用高比转速后倾式叶轮，定子采用悬空式径向短叶片开式定子。氧化矿浮选对充气量变化非常敏感，且泡沫量大而黏，在浮选机槽体截面积较小时，泡沫有爬高的现象，所以，浮选机需设计充气量调节装置，使充气量调节装置在全关闭状态下能产生一个不超过充气量调节范围下限所需的气量且又大于在中空轴产生的风速，使泡沫不能从中空轴流入轴承中去。

4.4.4　设备自动化

随着浮选设备的大型化以及人工成本的不断增加，浮选机自动控制的研究越来越重要，在近几年得到了快速发展。目前研制的浮选机自动控制系统包括液位控制系统、充气量控制系统和轴温检测系统。大型浮选机容积大、槽体深，保持浮选机内矿浆的稳定有利于提高浮选效果。液位控制系统包括液位测量装置、液位执行机构和液位控制箱三个部分。对于外充气式浮选机，浮选机充气量直接影响浮选效果，充气量过大，叶轮不能使矿浆和空气充分混合，出现紊流现象，且浮选机有效容积也会减少；充气量过小，不能使矿粒与气泡充分作用，降低浮选效果。充气量控制系统由气量检查装置和气量控制装置组成。浮选机的核心部件是主轴部件，主轴与轴承为运转传递的核心部件，也是日常维护的关键部件，因此在浮选机的上、下轴承处安装温度测量装置，能够时时检测轴承温度，并在温度过高时及时采取措施，延长轴承使用寿命。

4.4.5　设备节能化

目前，浮选法已成为矿物选别中最重要的方法，如何降低浮选能耗，提高经济效益一直是研究的重要课题。叶轮-定子系统为机械搅拌式浮选机的核心，其几何参数是否合理，直接关系到浮选机的浮选效果和能量消耗，经过大量的试验论证，采用高比转速后倾式叶轮、高悬式径向叶片能够很好地完成浮选且能量消耗减少了 20%~30%。在浮选机容积一定情况下，尽量加深槽体，槽体的截面积相应减少，叶轮直径也随之减少，能够降低能耗。长远考虑，可采用变频方法来改变浮选机主轴部件的转速，这样能够增加电机的使用寿命，对浮选机起到一定保护作用，也方便浮选机的灵活改造。

近年来，浮选设备在大型化、专业化、精细化、自动化、节能化等方面取得了巨大的成绩，并获得了成功的工业应用，推动着选矿技术的进步，但在设备智能化方面的研究还不够，在某些难选矿、贫化矿方面的研究还存在不足，浮选设备今后还需朝着低能耗、安全高效、操作简单、维修方便的方向发展。

习　　题

4-1　简述对浮选机有何要求。

4-2　简述浮选机的充气过程和气泡生成方式。

4-3　何为矿浆充气程度？其影响因素是什么？

4-4　简述浮选机的分类，各种浮选机的主要区别和特点。

4-5　简述机械搅拌式浮选机的结构特点。

4-6　简述浮选柱与常规浮选机的区别。

4-7　简述微泡浮选柱的结构工作原理、主要特点及影响其工作性能的因素。

4-8　简述浮选机的发展趋势。

5 界面分选工艺

··

本章要点:
(1) 浮选工艺的原则流程与内部结构。
(2) 浮选工艺的物理影响因素与控制。
(3) 浮选工艺的化学影响因素与控制。

··

5.1 浮 选 流 程

浮选流程,一般定义为矿石浮选时,矿浆流经各个作业的总称。不同类型的矿石应用不同的流程处理,因此,流程也反映了被处理矿石的工艺特性,故常称为浮选工艺流程。

矿浆经加药搅拌后进行浮选的第一个作业称为粗选,其目的是将给料中的某种或某几种欲浮组分分选出来。对粗选的泡沫产品进行再浮选的作业称为精选,其目的是提高最终上浮产品(疏水性产物)的质量。对粗选槽中残留的固体进行再浮选的作业称为扫选,其目的是降低非上浮产品(亲水性产物)中欲浮组分的含量,从而提高回收率。上述各作业组成的流程如图 5-1 所示。

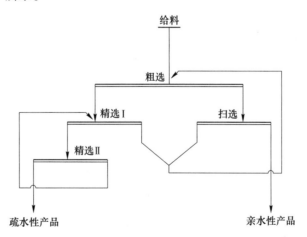

图 5-1 粗选、精选、扫选流程示意图

浮选流程是浮选最重要的工艺因素之一,它对最终的选别指标影响很大。浮选流程必须与所处理物料的性质相适应,一般来说,不同的物料需采用不同的流程。合理的浮选流程应保证能够获得最佳的选别指标和最低的生产成本。在确定浮选流程时,应主要考虑物料的性质,同时还需考虑产品的质量要求以及选矿厂的规模等因素。实际生产中所采用的各种浮选流程，实际上都是通过系统的可选性研究试验后确定的。当选矿厂投产后，因物料性质的变化，或由于采用新工艺及先进的技术等，还需不断地完善与改进原流程，以获得更高的技术经济指标。

5.1.1　浮选的原则流程

在确定浮选流程时，首先应确定原则流程（又称骨干流程）。原则流程只指出分选工艺的原则方案，其中包括选别段数、欲回收组分的选别顺序和选别循环数。

5.1.1.1　选别段数

浮选流程的段数是指磨矿作业与选别作业结合的次数，即处理的物料经磨碎—浮选，再磨碎—再浮选的次数。浮选流程的段数主要是根据欲回收组分的嵌布粒度以及物料在磨矿过程中的泥化情况而定。生产实践中所用的浮选流程一般有一段、两段和三段之分，三段以上的流程很少见。

磨碎一次（粒度变化一次），接着进行浮选即称为一段。实际矿石中通常含有几种矿物，有时一次磨矿后要分选出几种矿物，此时还称为一段，只是有多个循环而已。一段流程适用于处理粒度嵌布均匀、粒度相对较粗且不易泥化的矿石。

阶段浮选流程又称阶段磨碎-浮选流程，是指两段及两段以上的浮选流程，也就是将第一段浮选的产物进行再磨碎-再浮选的流程。这种浮选流程的优点是可以避免物料的过粉碎，其具体操作是在第一段粗磨的条件下，分出大部分欲抛弃的组分，只对得到的疏水性产物（粗精矿）进行再磨再选。用该流程处理有用矿物嵌布复杂的矿石时，不仅可以节省磨矿费用，而且还能改善浮选指标，所以在生产中得到了广泛应用。阶段浮选流程种类很多，如何选择主要由矿物的嵌布特性及泥化特性决定。以两段流程为例，方案一般有三种，即精矿再磨、尾矿再磨和中矿再磨，如图 5-2 所示。

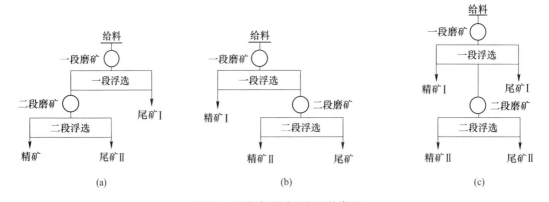

图 5-2　两段磨矿浮选流程的类型
（a）精矿再磨流程；（b）尾矿再磨流程；（c）中矿再磨流程

精矿再磨流程适用于有用矿物嵌布粒度较细而集合体较粗的矿石，粗磨条件下集合体就能与矿石分离，并选出粗精矿和尾矿，第二段对少量精矿再磨再选，这种流程在多金属矿浮选时较常见；尾矿再磨流程则适用于有用矿物嵌布不均的情况，一段在粗磨条件下分出一部分合格精矿，二段将含有细粒矿物的尾矿再磨再选；中矿再磨流程适用于有用矿物微细粒浸染的情况，一段浮选能得到部分合格精矿和尾矿，但中矿含有大量连生体，故需对中矿进行再磨再选。

5.1.1.2 选别顺序及选别循环

当浮选处理的物料中含有多种欲回收组分时，为了得到多种产品，除了确定选别段数外，还应根据欲回收组分的可浮性及它们之间的共生关系，确定各种组分的分选顺序。分选顺序不同，所构成的原则流程也不同，生产中采用的流程大体可分为优先浮选流程、混合浮选流程、部分混合浮选流程和等可浮流程4类（见图5-3）。

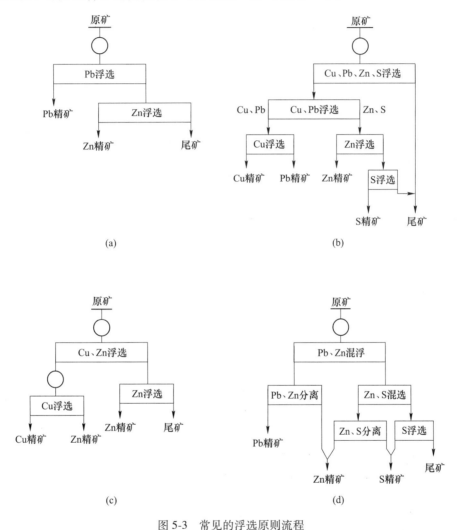

图 5-3 常见的浮选原则流程

（a）优先浮选流程；（b）混合浮选流程；（c）部分混合浮选流程；（d）等可浮流程

（1）优先浮选流程：指将物料中要回收的各种组分按顺序逐一浮出，分别得到各种富含1种欲回收组分产物（精矿）的工艺流程。该流程可以适应矿石品位的变化，具有较高的灵活性，对品位较高的原生硫化矿及呈粗粒嵌布的多金属矿石比较合适。

（2）混合浮选流程：指先将物料中所要回收的组分一起浮出得到中间产物，然后再对其进行浮选分离，得到各种富含1种欲回收组分产物（精矿）的工艺流程。混合浮选适用于处理有用矿物呈集合体嵌布，且矿物集合体粒度较粗，在粗磨条件下能抛弃合格尾矿的矿石，该流程可有效减少后续作业的矿量、降低后续作业的费用，具有工艺简单、过粉碎少的优点。混合浮选需要注意的是混合精矿表面吸附有捕收剂，且矿浆中存留有过剩的捕收剂，这会给下一步分离带来困难。为提高混合精矿分离的效果，在混合精矿分离前通常需要对混合精矿进行脱药，一方面要脱去混合精矿表面吸附的药剂，另一方面脱去矿浆中过剩的药剂。

（3）部分混合浮选流程：指先从物料中混合浮出部分要回收的组分，并抑制其余组分，然后再活化浮出其他要回收的组分，先浮出的中间产物再经浮选分离后得到富含 1 种欲回收组分产物（精矿）的工艺流程。

（4）等可浮流程：指将可浮性相近的欲回收组分一起浮出，然后再进行分离的工艺流程，它适用于浮选处理的物料中包含有易浮和难浮两部分的复杂多金属矿。如图 5-3（d）所示，在浮选硫化铅-锌矿石时，锌有易浮和难浮两部分矿物，则可考虑采用等可浮流程，在以浮铅为主时，将易浮的锌与铅一起浮出。其特点是可避免优先浮选对易浮锌的强行抑制，也可避免混合浮选对难浮铅的强行活化，这样便可降低药耗，消除残存药剂对分离的影响，有利于选别指标的提高。

选别循环（或称浮选回路）是指选得某一最终产品所包括的一组浮选作业，如粗选、扫选及精选等整个选别回路，并常以所选矿物中的金属（或矿物）来命名。如图 5-3（a）为一段两循环流程，有铅循环（或铅回路）和锌循环（或锌回路），图 5-3（c）为两段三循环流程，有铜锌、铜、硫循环。

5.1.2 浮选流程的内部结构

浮选流程内部结构，除包含原则流程内容外，还需详细表明各段磨矿分级次数，每个循环的粗选、精选、扫选次数，以及中矿处理方式等。

5.1.2.1 精选和扫选的次数

粗选是最初级的选别作业，以大幅度富集有用矿物为目的，但精矿品位不高，往往需要进一步精选。精选是以提高精矿品位为目的的选别作业，正浮选处理粗选作业的泡沫产品，反浮选处理底流产品。扫选是以提高金属或有用矿物回收率为目的的选别作业，正浮选处理粗选作业的底流产品，反浮选处理泡沫产品。

粗选一般只有一次，只有少数情况下有两次或两次以上，如异步浮选。精选和扫选的次数较多、变化较大，这与物料性质（如欲回收组分的含量、可浮性等）、对产品质量的要求、欲回收组分的价值等密切相关。

当原矿中欲回收组分的含量较高、其可浮性较差时，如对产品质量的要求不高，就应加强扫选，以保证有足够高的回收率，且应在粗选的基础上直接出精矿，精选作业应少，甚至不精选，如图 5-4 所示。

当原矿中欲回收组分含量低、有用矿物可浮

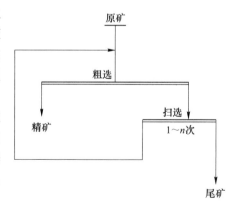

图 5-4　往扫选方向发展的浮选流程结构

性好，且对产物的精矿质量要求较高时，就应加强精选，减少扫选，有时精选次数会超过10次，甚至在精选过程中还需要结合再磨，如图5-5所示。

在实际生产中多数浮选流程既包括精选又包括扫选，如图5-6所示，精选、扫选次数由试验确定，并在生产实践中优化调整。

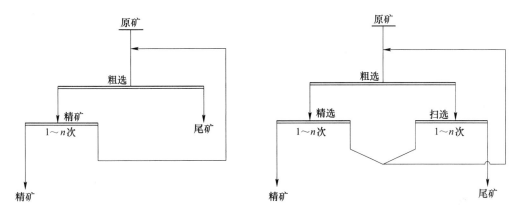

图5-5 往精选方向发展的浮选流程结构　　　图5-6 实践中常见的浮选流程结构

5.1.2.2 中矿的处理方式

浮选的最终产品是精矿和尾矿，但在浮选过程中，总要产出一些中间产品——精选尾矿、扫选精矿，这些都属于需再处理的不合格产品，称之为中矿。对它们的处理方法要根据其中连生体的含量、有用矿物的可浮性、组成情况、药剂含量及对精矿质量的要求等来确定。中矿处理的原则是：中矿返回至品位、性质接近的作业。

中矿的处理方法通常有以下三种：（1）中矿依次返回到前一作业，或送到浮选过程的适当地点。有用矿物基本解离的中矿可以采用这一方式，可简化中矿运输（多数情况下可实现自流）。（2）中矿合一返回粗选或磨矿作业。当有用矿物可浮性良好且对精矿质量要求高时，中矿合一返回粗选；当含连生体颗粒时可合一返回磨矿，再磨也可以单独进行。（3）中矿单独处理。当中矿的性质比较特殊，不宜直接或再磨后返回前面的作业时，则需要对其进行单独浮选或返回主路处理；浮选困难时，可采用火法或化学方法进行单独处理，或不处理直接作低品位精矿销售。

总之，在浮选厂的生产实践中，中矿如何处理是一个比较复杂的问题，由于中矿对选别指标影响较大，所以需要经常对它们的性质进行分析研究，以确定合适的处理方案。

5.1.2.3 浮选流程的表示方法

浮选流程的表示方法较多，各个国家采用的表示方法也不一样，其中最常见的有线流程图、设备联系图等。

线流程图是指用简单的线条图来表示物料浮选工艺过程的一种图示法，如图5-7（a）所示。这种表示方法比较简单，便于在流程上标注药剂用量及浮选指标等，所以比较常用。

设备联系图是指将浮选工艺过程的主要设备与辅助设备如磨机、分级机、搅拌机、浮选机以及砂泵等，先绘制成简单的形象图，然后用带箭头的线条将这些设备联系起来，并表示浆体的流向，如图5-7（b）所示。设备联系图的特点是形象化，常常能表示设备在现场配制的相对位置，其缺点是绘制比较烦琐。

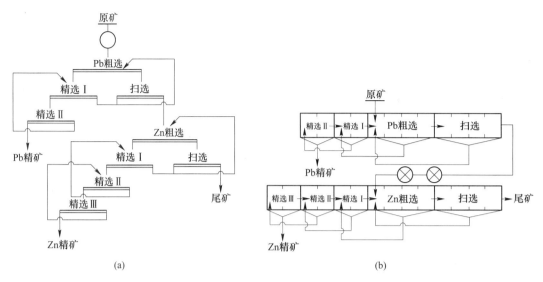

图 5-7　浮选流程的表示方法
（a）线流程图；（b）设备联系图

5.2　浮选工艺的影响因素及控制

浮选因素指在浮选过程中，除了矿物天然可浮性外，其他影响浮选过程及效果的控制因素，主要有粒度（磨矿细度）、矿浆浓度、药剂制度、浮选泡沫、矿浆温度、水质、浮选流程等。实践证明，浮选工艺因素必须根据矿石性质的特点并通过可选性试验来选择和确定，才能获得最优的技术经济指标。

5.2.1　给料粒度

为保证浮选获得较高的技术经济指标，研究浮选物料粒度对浮选的影响，以便根据物料性质确定最合适的入选粒度（磨矿细度）和其他工艺条件，具有重要意义。

5.2.1.1　粒度对浮选的影响

浮选时不但要求物料单体解离，而且要求适宜的浮选粒度。颗粒太粗，即使已单体解离，因超过气泡的承载能力，往往浮不起来。浮选粒度上限因矿物的密度不同而异，如硫化物矿物为 0.2~0.25mm，非硫化物矿物为 0.25~0.3mm，煤为 0.5mm。物料粒度对浮选回收率的影响如图 5-8 所示。由图 5-8 可知，小于 $5\mu m$ 或大于 $100\mu m$ 的颗粒可浮性明显下降，只有中等粒度的颗粒具有最好的可浮性，所以 $5~10\mu m$ 以下的矿粒常称为矿泥。此外，粒度对浮选产品的质量也有一定的影响。一般情况下，随着粒度的变化，疏水性产物的品位有一最大值，当粒度进一步减小时，品位随之下降，这主要是由微细亲水性颗粒的机械夹杂所致；而粒度增大时，又会因过多的连生体颗粒进入疏水性产品而使其品位降低。

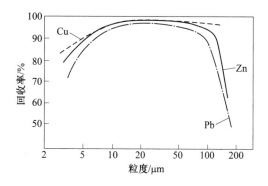

图 5-8　浮选回收率与粒度的关系

5.2.1.2　粗粒浮选

在矿粒单体解离的前提下，粗粒浮选可节省磨矿费用，降低选矿成本。但是由于粗粒的矿物比较重，在浮选机中不易悬浮，与气泡的碰撞概率减小，并且附着气泡后由于脱落力大而易于脱落，这也是粗粒难以浮选的主要原因，所以对于较粗粒度下即可单体解离的矿物，往往采用重力分选的方法处理。必须用浮选处理粗磨物料时，常采用如下一些措施：

（1）增强颗粒与气泡的附着强度，为此可采用捕收能力较强的捕收剂，并适当增大捕收剂用量，有时还可配合使用非极性油等辅助捕收剂。

（2）选择适用于粗粒浮选的浮选机，为防止粗粒在浮选机中产生沉淀，应使用具有较大升浮力和内循环的浅槽浮选机。

（3）采用较高的矿浆浓度，这样既增加了药剂浓度，又可以使颗粒受到较大的升浮力，但应注意矿浆浓度过高会恶化浮选过程，使选择性降低。

5.2.1.3　微细粒浮选

粒度小于 5~10μm 的微细颗粒，其可浮性明显下降，因此避免矿物的泥化是非常必要的。浮选过程中的微细粒主要来自两个方面：一是矿床内部由地质作用产生的微细颗粒，主要是矿床中的各类泥质矿物，如高岭土、绿泥石等，称为"原生矿泥"；二是破碎、磨矿、搅拌、运输等过程中形成的微细颗粒，称为"次生矿泥"。

微细粒难于浮选的原因主要有以下几个方面：

（1）微细粒矿物表面积较大，其表面能显著增加。在一定条件下，不同矿物表面间易发生非选择性的互相凝结。或者微细粒矿物在粗颗粒表面上的黏附，形成微细颗粒罩盖。

（2）微细粒矿物对药剂具有较高的吸附力，但其选择吸附性差，且表面溶解度较大，再加上水流和泡沫的机械夹带作用，导致矿浆中的微细粒矿物难以有效分离。

（3）微细粒矿物体积小，与浮选气泡发生碰撞的概率小。此外由于细粒矿物质量小，在与气泡接触碰撞时无法克服矿粒与气泡之间水化层的阻力，导致细粒矿物难以附着于气泡上，有用矿物无法与脉石矿物分离。

在实际生产中强化微细粒浮选的主要措施有：

（1）添加分散剂，防止微细颗粒互凝，保证充分分散。常用的分散剂有水玻璃、聚磷酸钠、氢氧化钠等。

（2）采用适于选别微细颗粒的浮选药剂，强化颗粒表面的选择性疏水化，如采用化学吸附或螯合作用的捕收剂，来提高浮选过程的选择性。

（3）使微细粒选择性团聚，增大颗粒表观粒径，以利于浮选，如剪切（疏水）絮凝浮选、载体浮选、选择性絮凝浮选等。

（4）减小气泡尺寸，实现微泡浮选。浮选中微泡的产生方法目前主要有真空法和电解法两种，分别称为真空浮选和电解浮选。

（5）浮选前进行脱泥预处理，提前将微细颗粒脱除。

5.2.2　矿浆浓度及调节

浮选前的矿浆调节是浮选过程中的一个重要作业，包括矿浆浓度的确定和调浆方式的选择等工艺因素。矿浆浓度是指矿浆中固体物料的含量，通常用液固比或固体质量分数来表示。液固比是矿浆中液体与固体的质量（或体积）之比，有时又称为稀释度。浮选厂中常用的矿浆浓度列于表 5-1 中。

表 5-1　浮选厂常用的矿浆浓度

物料种类	浮选回路	矿浆浓度（质量分数）/%			
		粗选		精选	
		范围	平均	范围	平均
硫化铜矿石	铜及硫化铁	22～60	41	10～30	20
硫化铅锌矿石	铅	30～48	39	10～30	20
	锌	20～30	25	10～25	18
硫化钼矿石	辉钼矿	40～48	44	16～20	18
铁矿石	赤铁矿	22～38	30	10～22	16

矿浆浓度往往会受到许多条件的限制，例如分级机溢流浓度就要受到细度要求的限制：要求细时，溢流浓度就要小；要求粗时，溢流浓度就要大。大多数情况下，调浆和粗选作业的浓度几乎与分级溢流的浓度是一致的。又如扫选作业的浓度总要比粗选小些。如果要提高浓度，就需要对大量矿浆进行浓缩脱水，这也是不经济的。矿浆浓度对浮选各项因素的影响大致如下：

（1）浮选机的充气量随矿浆浓度变化而变化，矿浆过浓或过稀都会使充气情况变坏，影响浮选回收率和浮选时间。

（2）矿浆液相中的药剂浓度随矿浆浓度变化，在用药量不变的条件下，矿浆浓度大，液相中药剂浓度增加，这将有利于降低药剂用量。

（3）影响浮选机的生产率。在浮选机的体积和生产率不变的情况下，矿浆浓度增加，则矿浆在浮选机中的停留时间相对延长，有利于提高回收率。同理，如果浮选时间不变，则矿浆越浓，浮选机的生产率就越大。

（4）影响粗粒与细粒浮选。在一定范围内，随着矿浆浓度的增加，浮力上升，有利于粗粒的浮选，但矿浆过浓反而会恶化充气条件，对浮选不利；细粒浮选时，随着矿浆浓度提高，矿浆的黏度增大，如果细粒是有用矿物，则有利于提高回收率及精矿品位，反之，如果细粒是脉石矿物，则应稀释矿浆，以免细泥混入泡沫，使精矿质量降低。

　　总之，矿浆浓度的适当提高，不但可以节省药剂和用水，而且回收率也会相应提高。矿浆过浓，由于浮选机工作条件变坏，会使浮选指标下降。在实际生产中，除上述因素外，还要考虑原矿的性质，各个作业对浮选浓度的要求，然后再确定适宜的矿浆浓度。一般原则是：浮选高密度粗粒物料时采用高浓度，反之则采用低浓度；粗选时采用高浓度可保证获得高回收率和节省药剂，精选时采用低浓度来提高最终疏水性产品的质量；扫选浓度则由粗选决定，一般不再另行控制。

　　浮选前在搅拌槽内对矿浆进行搅拌称为"调浆"，可分为不充气调浆、充气调浆和分级调浆等，这也是影响浮选过程的重要因素之一。

　　不充气调浆是指在搅拌槽中不充气的条件下，对矿浆进行搅拌，目的是促进药剂与颗粒相互作用。调浆所需搅拌强度和时间长短，根据药剂在矿浆中的分散、溶解程度以及药剂与颗粒的相互作用速度而定。

　　充气调浆是指在未加药剂之前对矿浆进行充气搅拌，常用于硫化矿的浮选。各种硫化物矿物颗粒表面的氧化速度不同，通过充气搅拌即可扩大矿物颗粒之间的可浮性差别，有利于进一步分选，改善浮选效果，但过量充气也是不利的。例如，对含铜硫化矿的矿浆进行充气搅拌，加药前充气搅拌 30min，矿石中的磁黄铁矿和黄铁矿被氧化，而黄铜矿仍保持其原有的可浮性；但充气调浆时间过长，黄铜矿也会被氧化，在其表面形成氢氧化铁薄膜而降低可浮性，不利于浮选。

　　所谓"分级调浆"是根据物料不同粒度所要求的不同调浆条件分别进行调浆，从而达到改善浮选效果的目的。矿浆按不同粒度分成两级或三级进行调浆。分级粒度界限可以通过试验来确定。以分两级的调浆为例，药剂只加到粗砂部分，粗砂调浆以后，细泥部分冲入粗砂并与其一起浮选，这一方案适用于细粒级浮选活度比粗粒高，而粗粒需要提高药剂量或补加其他强力捕收剂的情况，这样处理使粗、细粒的可浮性趋于均一化。此外，粗粒要求较高的药剂浓度也会因分级调浆而得到满足。

5.2.3　药剂制度

　　药剂制度主要是指浮选所用药剂种类及其用量，其次是指药剂添加的顺序、地点和方式（一次加入还是分批加入）、药剂的配制方法以及药剂的作用时间等。生产实践表明，药剂制度对浮选指标影响很大，是泡沫浮选过程最重要的影响因素之一。药剂制度简称药方，是通过矿石可选性和工艺试验确定的，在实际生产中要对加药数量、加药地点与加药方式等不断地进行修正与改进。

5.2.3.1　药剂种类的选择及用量

　　药剂制度中首先是选择适宜的药剂，然后再确定用量。药剂的种类选择，主要是根据所处理物料的性质，并参考国内外的实践经验，然后通过试验加以确定的。根据固体表面的不均匀性和药剂间的协同效应，各种药剂的混合使用在实际中取得了良好效果，并得到了广泛应用。所谓混合用药主要包括以下两个方面：

　　（1）不同捕收剂的混合使用，即同系列药剂混合，如低级与高级黄药混合使用、各种硫化物矿物捕收剂混合使用（如黄药与黑药混合使用）、氧化矿的捕收剂与硫化矿的捕收剂共用、阳离子捕收剂与阴离子捕收剂共用、大分子药剂与小分子药剂共用等。

　　（2）调整剂的联合使用，即为了增强抑制作用，将几种抑制剂联合使用，如亚硫酸盐与硫酸锌混用等。

在一定范围内，增加捕收剂与起泡剂的用量，可以提高浮选速度和改善浮选指标；然而，用量过大会造成浮选过程的恶化。同样，抑制剂与活化剂也应适量添加，在浮选过程中应特别强调"适量"和"选择性"两个方面。对于不同的矿石，由于性质不同，药剂用量的波动范围可能很大。即使对于同一类型的矿石，因矿床形成的具体条件有差别，药剂用量也会不尽相同。分选具体矿物时，应根据试验结果选取较窄的用量范围。目前过量药剂所造成的危害往往不易被人们重视，捕收剂过量可能引起的危害主要有：

（1）破坏浮选过程的选择性，使精矿质量下降。因为此时矿浆中上浮矿物"夹带"现象明显，使部分不该上浮的脉石矿物被"夹带"上来，虽然回收率略有提高，但精矿品位却明显下降，导致整个选矿的综合效率降低。

（2）使下一作业的浮选分离困难。因为上一作业的泡沫产物带来了过量的药剂，且泡沫产物中的矿物成分复杂。在这种情况下，实际生产中往往采取多加调整剂的办法来补救，但由于多加了调整剂，含有过量药剂的中矿又返回到粗选、扫选作业，产生恶性循环，最终引起药方混乱，使浮选指标下降。

（3）使其他药剂的用量增加。这种情况不但浪费药剂，而且还会使尾矿中药剂的含量增大，容易造成环境污染。此外，过量的药剂还会因积聚大量泡沫而使精矿和尾矿不易澄清，前者导致金属流失，后者则会影响尾矿堆坝。

5.2.3.2　药剂的配制

对于同一种药剂来说，配制的方式不同，用量和效果也都不同，这对于在水中溶解度小或不溶的药剂尤其明显。如中性油类，不加调节措施，则在水中呈较大的液滴，不但效果差且用量高。所以为了提高药效，应依据药剂的性质采用不同的配制方法。常用的配制方法有：

（1）配成水溶液。这种方法适用于黄药、水玻璃、硫化钠等可溶于水的药剂。使用前常配成浓度为5%～20%的水溶液。药剂配制的浓度太稀，体积太大；浓度太大，对用量较少的药剂难以准确添加，且输送不便。

（2）乳化法。煤油、柴油等经过乳化，可增加其弥散度，提高捕收能力。常用的乳化方法是用强烈的机械搅拌或借用超声波进行乳化处理。例如塔尔油与柴油在水中加乳化剂（烷基芳基磺酸酯）经强烈搅拌，制成乳化液后再使用。

此外还可将一些药剂配制成悬浮液或乳浊液，例如石灰，可加水磨成石灰乳添加。药剂配制好后，不宜贮存过久，否则可能产生变质、失效。因此，应根据需要配制药剂。

5.2.3.3　药剂的添加

浮选过程常需加入几种药剂，它们与矿浆中各组分往往存在着复杂的交互作用，所以药剂的合理添加也是优化浮选药剂制度的重要因素。

为了保证药剂与矿粒有足够的作用时间，应根据药剂的用途、溶解度等因素而分别将适宜的药剂加入磨矿机、搅拌桶或浮选机中，也有根据实际需要加入浓缩机的。介质调整剂和矿泥分散剂多加入磨矿机，以消除部分有害离子的影响，为其他药剂的作用创造适宜的条件；抑制剂、活化剂应加在捕收剂之前，一般加入搅拌桶内，使矿浆有较长的作用时间；捕收剂、起泡剂常加入搅拌桶或浮选机中，对于某些难溶的捕收剂也可加入磨矿机中。在添加多种药剂时，一般需要让前一种药剂充分作用后，再添加第二种药剂。如硫酸铜和黄药，氯化钙和油酸的添加，都要求按先后顺序添加。

浮选药剂可以一次添加，也可以分批添加。一次添加是将某种药剂的全部用量在浮选前一次加入。此方法的优点是：该加药点的药剂浓度大、作用强，因而常作为易溶于水、在矿浆不易反应和失效的药剂的添加方式，如石灰、碳酸钠等调整剂均适宜采用一次加药方式。分段添加是指将某种药剂按作业、阶段分批加入。此方法的优点是：可以基本维持浮选作业的药剂浓度一致，药剂分散较均匀。对于下列情况，采用分段加药：在矿浆中易氧化、分解、变质的药剂，如黄药易氧化，二氧化碳、二氧化硫则易反应失效；易被泡沫带走的药剂，如用油酸钠作捕收剂时，由于其自身的起泡性而易被泡沫带走；用量要求控制很严格的药剂，如硫化钠，浓度过大就会失去选择性，故应分段添加。因分段加药可以防止药剂过量、失效，并能提高药效、节省用量，所以在浮选厂实际生产中得到了广泛应用。

5.2.4 浮选泡沫

泡沫浮选是在液-气界面进行分选的过程，因此泡沫起着重要的作用。浮选泡沫的气泡大小、泡沫稳定性、泡沫的结构及泡沫层的厚度等均能影响浮选指标。

5.2.4.1 浮选泡沫及对浮选泡沫的要求

在浮选过程中，疏水性颗粒会附着在气泡上，大量附着有颗粒的气泡聚集于矿浆表面，就形成了泡沫层。这种泡沫称为三相泡沫。为了加速浮选，就需要产生大量能附着疏水性颗粒的气-液界面，而界面的增加则决定于起泡剂、充气量、空气在矿浆中的弥散度。

（1）起泡剂：它的作用就在于能帮助获得大量的气-液界面。

（2）充气量：使足够量的空气进入到矿浆中。

（3）空气在矿浆中的弥散度：空气弥散度增加，界面也会随之增加。

充入的空气量一定时，形成的气泡越小，界面的总面积越大。浮选要求气泡携带颗粒要有适当的上升速度，气泡过小会难以保证充分的上浮力，气泡过大则会降低界面面积，同样降低了浮选速度，因此浮选的气泡大小必须合适。同时为了提高浮选过程的稳定性，还要求浮选泡沫具有一定的强度。保证泡沫能顺利地从分选设备中排出所要求的泡沫稳定时间，会因不同的浮选作业而异，一般来说，精选的稳定时间应长一些，扫选应短一些，一般介于 $10 \sim 60s$。

5.2.4.2 泡沫稳定性的影响因素

浮选过程中存在的都是含有颗粒的三相泡沫，在有起泡剂的条件下生成的三相泡沫一般比两相泡沫更加稳定，主要原因就在于：

（1）颗粒覆盖在气泡表面，成为防止气泡兼并的障碍物。

（2）矿物颗粒的接触角一般均小于90°，颗粒间相互交错且突出于气泡壁外，使气泡间的水层如同毛细管一样，增大了水层流动的阻力。

（3）吸附捕收剂的矿物颗粒因捕收剂分子间的相互作用，增强了气泡的机械强度。颗粒的疏水性越强，形成的三相泡沫也越稳定。

浮选过程中使用的各种药剂，凡能影响颗粒表面亲水性、疏水性的，均会影响泡沫的稳定性。捕收剂能增强泡沫的稳定性，而抑制剂则相反；易浮的扁平颗粒及细粒使泡沫增强，粗粒及球型颗粒形成的泡沫则较脆。

5.2.4.3 浮选泡沫的"二次富集作用"

在三相泡沫中，常夹带有部分连生体及亲水性颗粒，这些颗粒之所以会进入泡沫层，一部分是由于表面吸附有捕收剂，形成了较弱的疏水性，附着于气泡被带入泡沫，但大部分是由于机械夹杂进来的。由于泡沫层中水层向下流动，可以冲洗大部分夹杂的颗粒，使之返回矿浆中。此外，当气泡在泡沫层中兼并时，气-液界面的面积减小，气泡上附着的颗粒重新排列，发生"二次富集作用"，疏水性强的颗粒仍附着于气泡上，疏水性弱的颗粒则被水带到下层或落入浆体中。因此，浮选泡沫中上部疏水性产物的质量要高于下层。

为了能够充分利用"二次富集作用"提高疏水性产物的质量，可以适当调整泡沫层的厚度及在槽内的停留时间。泡沫层越厚，刮泡速度越慢，疏水性产物的质量越高。泡沫层厚度和停留时间的调节是浮选工艺操作的重要因素之一。若泡沫过黏，气泡间水层难以流动，二次富集作用会显著降低。为此可在精选槽中采用淋洗法，增大泡沫中流动的水量，从而增强分选作用，提高疏水性产物的质量。但在淋洗过程中需注意喷水的速度、水量，并适当增加起泡剂用量，以防止回收率的降低。

5.2.5 其他影响因素

5.2.5.1 水质及矿浆的液相组成

水的质量及矿浆的液相组成对浮选过程有很大影响，浮选用水必须保持洁净，如果使用受污染的水或循环水时，必须进行必要的净化。天然水中溶解有许多化合物，并有软水和硬水之分，各国计算水的硬度的标准和方法也不相同，中国一般是按水中 Ca^{2+}、Mg^{2+} 含量标定水的总硬度，其计算公式为：

$$水的总硬度 = c(Ca^{2+})/20.04 + c(Mg^{2+})/12.15$$

式中，$c(Ca^{2+})$ 和 $c(Mg^{2+})$ 为 Ca^{2+}、Mg^{2+} 在水中的浓度，mg/L。0.5mmol/L 称为 1 度。硬度小于 4 者称为软水，4~8 者称为中硬水，8~10 者称为极硬水。

矿物在磨碎和浮选过程中，由于氧化、溶解，常使水中含有该矿物溶解产生的阳离子和阴离子，这些难免离子及硬水中的 Ca^{2+}、Mg^{2+} 等对浮选过程常产生多方面的影响。用脂肪酸及其皂作捕收剂进行浮选时，硬水中的 Ca^{2+}、Mg^{2+} 会与捕收剂反应生成难溶的沉淀，消耗大量的捕收剂。重金属离子如 Cu^{2+}、Fe^{3+} 等与黄药类捕收剂也能生成重金属黄原酸盐沉淀，消耗大量的黄药类捕收剂。难免离子还会吸附在某些固体颗粒表面，改变其可浮性，降低浮选过程的选择性。通常可采用适当的药剂来消除和控制难免离子对浮选的不良影响，例如，加碳酸钠使钙离子、铁离子等生成难溶的沉淀除去，控制 pH 值，使难免离子生成沉淀除去。

5.2.5.2 矿浆温度

矿浆温度也是影响浮选工艺的重要因素之一。加温可以加速分子热运动，因此有利于药剂的分散、溶解、水解、分解以及提高药剂与颗粒表面作用的速度，同时也促进药剂的解吸，促使颗粒表面氧化等。对矿浆进行加温，可以改善细粒物料的可浮性，减少脱泥的必要性，缩短搅拌和浮选时间，降低药剂用量，减少过量药剂造成的环境污染。

在浮选实践中，为了获得满意的技术指标，有时必须采取加温措施。例如，用油酸浮选白钨矿时，矿浆温度应保持在20℃以上；使用氧化石蜡皂浮选白钨矿时，矿浆温度必须保持在35℃以上，才能获得较好的技术指标；使用胺类捕收剂浮选时，为了加速药剂的溶解，配制胺类溶液时，也需加温处理。

对于硫化物矿物的浮选，常用的加温浮选工艺有以下3种：

（1）加温使药剂解吸，即将矿浆加温搅拌，同时加入石灰，可以将硫化物矿物颗粒表面的黄药薄膜脱除。实践表明，对每吨矿石加入5~10kg的石灰，加热至沸，可以将硫化物矿物颗粒表面的捕收剂脱除干净，再加抑制剂可以实现不同金属矿物之间的有效分离。

（2）加温使矿物的氧化加快，即氧化性加温。氧化后的矿物变得容易被抑制。比如对于铜-钼混合浮选的粗精矿，加入石灰造成高碱度，再加温充气搅拌，使硫化铜矿物和硫化铁矿物氧化，而辉钼矿不被氧化，然后使用硫化钠抑制铜和铁的硫化物，浮选辉钼矿，结果使铜、钼分离的效果得到明显改善。

（3）加温强化药剂的还原作用，即还原性加温。使用SO_2等还原性药剂，通过加温强化药剂的还原作用，加强对颗粒的抑制作用。例如，对铜-铅混合精矿，经蒸汽加温至70℃左右，通入SO_2，使pH值降低至5.5左右，此时方铅矿失去了可浮性，而黄铜矿仍有很好的可浮性，从而在不使用氰化物、重铬酸钾等强毒性药剂的条件下，实现铜、铅的有效分离。

常用的加温方法有蒸汽直接喷射、使用蒸汽蛇型管或电阻直接加热、直接使用工业热回水等，工业上使用蒸汽直接加热较为普遍。加温浮选虽有很多优点，但实践中还存在很多问题，例如：因矿浆加温至70℃，厂房内温度高，使劳动条件恶化；由于加温强化了对矿物的抑制作用，从而导致中矿的循环量很大。

5.2.5.3 浮选时间

浮选时间是指分选矿物达到一定回收率和精矿品位所必须的时间。浮选时间的长短直接影响技术指标的好坏。浮选时间过长，虽有利于提高精矿回收率，但会使精矿品位下降；浮选时间过短，虽对提高产品质量有利，但会使尾矿品位增高，回收率下降。

浮选时间与矿石的可选性、磨矿细度、药剂条件等因素有关。一般的规律是：在矿物的可浮性好，原矿品位较低、矿物单体解离度高、药剂作用快的条件下，浮选时间可短些；反之则应长些。浮选含泥量高的矿石，要比含泥量低的矿石需要更长的浮选时间，一般粗选、扫选作业的浮选时间少则4~15min，多则40~50min。

精选作业时间的长短，要根据有用矿物的可浮性好坏及精矿质量要求而定。一般来说，对易浮矿物，精选时间为粗选时间的15%~100%。但在复杂情况下，如多金属硫化矿的优先浮选流程所需的精选作业时间可以等于甚至大于粗选作业时间。对浮选可浮性很好的贫矿石，并且对精矿质量要求很高时（如辉钼矿的浮选，原矿含钼为0.08%~0.1%，要求精矿含钼50%左右），精选作业时间可能是粗选作业时间的5~10倍。矿石所需的浮选时间应根据试验，太短或太长都是不经济的。

5-1   简述浮选流程段数的选择方法和适用的矿石性质。

5-2   常见的浮选原则流程有哪几种？请举例说明。

5-3   如何确定浮选的精选、扫选次数？

5-4   中矿处理的原则是什么？有哪几种中矿处理方法？

5-5   强化粗粒浮选的措施有哪些？

5-6   如何选择适宜的浮选作业浓度？

5-7   微细粒矿物难浮的原因是什么？如何减轻或消除微细粒矿泥对浮选的影响？

6 界面分选实践

本章要点：
（1）有色金属硫化矿的浮选实践与工程应用。
（2）有色金属氧化矿的浮选实践与工程应用。
（3）铁矿石的浮选实践与工程应用。
（4）稀土矿的浮选实践与工程应用。
（5）非金属矿的浮选实践与工程应用。

6.1　有色金属矿物浮选

有色金属矿产是指工业上能提取铜、铅、锌、锡、钼等有色金属元素的矿物资源，主要包括硫化矿和氧化矿两大类。我国虽然有色金属矿产资源丰富、种类繁多，但我国有色金属单一矿少、共生矿多，贫矿多、富矿少，尤其铜、铝、铅、锌等大宗有色金属矿产比较缺乏。

6.1.1　有色金属硫化矿浮选

6.1.1.1　硫化铜矿

自然界含铜矿物繁多，具有工业价值的有十几种。浮选处理的主要铜矿物为黄铜矿、辉铜矿、铜蓝、斑铜矿等，我国处理的铜矿石大多数是黄铜矿矿石。几乎所有硫化铜矿石中都含有硫化铁（黄铁矿），所以硫化铜的浮选任务主要是与硫化铁及脉石矿物分离，进而得到铜精矿。如果硫化铁含量较大，也应将其同时回收。铜矿石中有时还含有金、银、钴、镍等，可考虑这些共生矿的综合回收。

对于铜矿石，主要有两类矿床：（1）斑岩矿床，被定义为热液成因，在酸性侵入岩中生成，铜品位低（铜含量为 $0.4\% \sim 0.8\%$），但矿量很大，可达数千万至数亿吨，目前世界上 60% 左右的铜矿属于斑岩铜矿石，该矿床通常含黄铜矿（$CuFeS_2$）和黄铁矿（FeS_2）；（2）脉状沉积矿床，常见脉状沉积矿床的工业类型主要有层状铜矿、细脉浸染型铜矿、矽卡岩型铜矿、黄铁矿型铜矿等。

含铜的硫化矿可分为三种不同的类型，分别是单一铜硫化矿、铁-铜硫化矿、复合硫化物铜矿。单一铜硫化矿其矿石比较简单，可回收的有价组分只有铜。常见的铜矿物有辉铜矿（Cu_2S，铜含量为 79.83%）和铜蓝（CuS，铜含量为 66.49%）。辉铜矿和铜蓝的天然可浮性最好，可使用低级黄药、黑药等进行有效捕收。但上述两种矿物都属于次生铜矿，性质脆、硬度低，磨矿时易泥化，溶解度也相对较大，因溶解产生的 Cu^{2+} 浓度较高，导致抑制困难且容易活化其他矿物，因此浮选过程的选择性较差。

铁-铜硫化矿最常见的铜矿物是黄铜矿（$CuFeS_2$，铜含量为 66.49%）和斑铜矿（Cu_5FeS_4，铜含量为 63.3%）。黄铜矿是分布最广的原生铜矿物，可浮性较好，常用的典型捕收剂为黄药类，在碱性介质中氰化物（NaCN、KCN）可抑制其浮选，在酸性介质中 H_2O_2、NaClO 等可通过过氧化作用降低其可浮性。斑铜矿的可浮性介于辉铜矿与黄铜矿之间，在碱性介质中使用氰化物、大剂量石灰及硫化钠、硫化铵等可抑制其可浮性。

复合硫化物铜矿主要包括斜方硫砷铜矿（Cu_3AsS_4，铜含量为 48.3%）、黝铜矿（$4Cu_2S \cdot Sb_2S_3$，铜含量为 23%~45%）、黝锡矿（Cu_2FeSnS_4）及砷黝铜矿（$4Cu_2S \cdot As_2S_3$）。这类铜矿物可浮性较差，往往需添加高级黄药或双黄药来提高回收率。

硫化铜矿属于氧化率很低的铜矿石，由于几乎所有的硫化铜矿石都有含铁的硫化物，所以从某种意义上来讲，硫化铜矿浮选流程实质上是实现硫化铜与硫化铁的分离，铜矿石中硫化铁矿物含量很高时，应采用优先浮选流程；反之，则应优先考虑铜硫混合浮选后再分离的流程。

常用的硫化铜矿浮选流程主要有 3 种：

（1）硫化铜矿的优先浮选。一般是先浮铜，然后再浮硫。致密块状的含铜黄铁矿，矿石中黄铁矿的含量相当高，常采用高碱度、高黄药用量的方法浮铜抑制黄铁矿。其尾矿中主要是黄铁矿，脉石很少，所以尾矿便是硫精矿。对于浸染状铜硫矿石，宜采用优先浮选流程，浮铜后的尾矿要再浮硫。

（2）硫化铜矿的混合浮选。对于原矿硫含量较低、铜矿物易浮的铜硫矿石，选用这种流程较有利。铜硫矿物先在弱碱性矿浆中进行混合浮选，混合精矿再加石灰在高碱性矿浆中进行铜硫分离。

（3）硫化铜矿半优先混合浮选。半优先混合浮选是以选择性好的 Z-200 等作为半优先浮铜作业的捕收剂，先浮出易浮的铜矿物，得到部分合格的铜精矿，然后再进行铜硫混合浮选，所得的铜硫混合精矿根据浮铜抑硫的原则分离浮选。这种分离流程不仅避免了高石灰用量下对易浮铜矿物的抑制，也不需消耗大量硫酸活化黄铁矿。

德兴铜矿的大山选矿厂属于斑岩型铜矿，矿床中除铜矿物外，还伴生有 S、Mo、Au、Ag 等 20 多种有价元素，主要有用矿物为黄铁矿、黄铜矿和辉钼矿。为提高铜精矿品位，矿冶科技集团（原北京矿冶研究总院）提出了优先—混合分步浮选工艺方案，如图 6-1 所示。该方案粗选段优先浮选出单体铜矿物及富铜连生体，再回收贫连生体、大部分硫及其他有用矿物；一步粗精矿直接进入精选，二步粗精矿再磨后进行铜硫分离。

6.1.1.2　硫化铅锌矿

含铅的代表性硫化矿为方铅矿，其铅含量为 86.6%。方铅矿为立方晶体结晶，通常呈粒状或块状集合体，具有铅灰色金属光泽。方铅矿被风化后会变成白铅矿或铅矾。方铅矿中常含有 Ag、Cu、Fe、Sb、Bi、As、Mo 等伴生元素，是炼铅的主要矿物原料。单一的方铅矿矿床很少见，方铅矿常与闪锌矿共生。

方铅矿天然可浮性较好，常用的捕收剂是黄药和黑药，pH 值在 7~8 时的捕收效果最佳，一般用碳酸钠来调整 pH 值。此外，白药和乙硫氮对方铅矿也有选择性捕收作用。重铬酸盐或铬酸盐（$K_2CrO_4+KCrO_2$）是方铅矿特效抑制剂，它们在方铅矿表面形成难溶的铬酸铅，使表面亲水而受抑制；硫化钠（Na_2S）、石灰（CaO）及水玻璃（$Na_2O \cdot nSiO_2$）也有较强的抑制作用，氰化物无抑制作用（含铁时除外）。

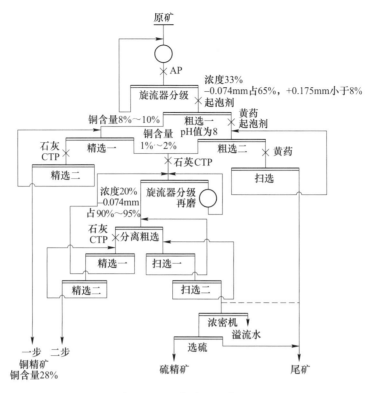

图 6-1 大山选矿厂优先—混合浮选流程图

含锌的代表性硫化矿为闪锌矿。闪锌矿的锌含量为 67.1%。闪锌矿主要产于接触砂卡岩型矿床和中低温热液成因矿床，是一种分布最广的含锌矿物。闪锌矿中通常含 Fe 元素，其铁含量最高可达 30%，铁含量大于 10%的称为铁闪锌矿（Zn,Fe）S；此外，还常含有 Mn 和 Cd、In、Ti、Ga、Ge 等稀有元素。纯闪锌矿近于无色，闪锌矿因杂质不同有许多变种，外观颜色差别也很大，当铁含量增多时，颜色由浅变深，从淡黄、棕褐直到黑色（铁闪锌矿）。铁及镉呈类质同象混入，会造成闪锌矿可浮性下降。

闪锌矿天然可浮性较含铜、含铅的硫化矿要弱，黄药是闪锌矿的常用捕收剂，用短链黄药直接浮选闪锌矿，多数情况下不浮或回收率较低，只有在低 pH 值时用高级黄药才可获得较高的回收率。许多金属离子如 Cu^{2+}、Hg^+、Ag^+、Pb^{2+}、Cd^{2+} 等均对闪锌矿有活化作用，但最常见的是硫酸铜，Cu^{2+} 活化闪锌矿的反应随矿浆 pH 值而变，酸性介质（pH=6）活化效果最好，碱性介质虽也有一定的活化作用，但浮选指标不如酸性介质；在中性介质中甚至会出现比不加 Cu^{2+} 浮选更差的现象。硫酸锌（$ZnSO_4$）是闪锌矿的常用抑制剂，对于可浮性好或活化后的闪锌矿，可用氰化物（NaCN、KCN）与硫酸锌混合作抑制剂。硫化钠、亚硫酸盐（Na_2SO_3）、硫代硫酸盐（$Na_2S_2O_3$）及二氧化硫气体（SO_2）等也可作为闪锌矿的抑制剂。

硫化铅锌矿中常含有方铅矿、闪锌矿、黄铁矿、黄铜矿，主要的脉石矿物包括方解石、石英、白云石、云母、绿泥石等。因此，根据铅锌等目的矿物的嵌布关系，磨矿阶段大致可选择一段磨矿流程或多段磨矿流程两种。一段磨矿流程常用于处理嵌布粒度较粗或共生关系较为简单的硫化铅锌矿；多段磨矿流程多处理嵌布关系复杂或粒度较细的硫化铅锌矿。目前采用较多的硫化铅锌矿浮选流程包括优先浮选工艺流程、混合浮选工艺流程等。此外，在常规浮选工艺的基础上还发展出了等可浮工艺流程、粗细分选工艺流程、分支串流工艺流程等，主要是根据其不同的粒度和嵌布关系进行选择。

（1）硫化铅锌矿优先浮选流程：铅锌优先浮选工艺流程主要是先抑锌浮铅，再活化锌，从而得到铅、锌精矿。按照铅锌矿可浮性的难易程度顺序，依次浮选回收铅、锌等有价矿物。这主要是因为方铅矿的可浮性好，且方铅矿抑制后难以活化，此外在大多数硫化铅锌矿中，锌的含量又比铅高，而"浮少抑多"无论在技术上还是在经济上往往都是比较合理的。优先浮选工艺流程适用于矿石矿物组成简单，铅、锌品位较高，粗粒浸染的富矿石，对于含大量硫化矿的致密块状硫化矿石也适宜用此流程。

（2）硫化铅锌矿混合浮选流程：硫化铅锌混合浮选工艺流程是先浮选出铅锌混合精矿，混合铅锌精矿再进行分离，即先把全部硫化铅、硫化锌矿物选入混合精矿中，然后对混合精矿脱药后再进行浮选分离，最终获得单一浮选精矿。混合浮选工艺流程可在粗磨后丢弃大量的脉石矿物，减少后续作业的处理量，节省分离作业的药剂用量，适合处理铅锌可浮性差异小、品位低、有用矿物呈集合体或致密共生的铅锌矿。

（3）硫化铅锌矿等可浮流程：硫化铅锌矿等可浮流程是将可浮性相近的硫化铅锌矿分为易浮和难浮两部分，分别进行混合浮选得到混合精矿，然后再依次选出各种有用矿物的单独精矿。在某些矿石的浮选过程中，部分闪锌矿与大部分方铅矿可浮性相近，少部分方铅矿和大部分闪锌矿可浮性相近，因此，可充分利用铅锌矿物间的可浮性不同，在浮选铅时让一部分可浮性好的锌矿物同步上浮，在浮选锌时让剩余的铅矿物随同上浮，选出铅、锌的混合精矿，然后再进行浮选分离，从而分别获得铅精矿和锌精矿。等可浮流程适用于有用矿物包含易浮和难浮铅锌矿物的矿石，该工艺兼具混合浮选流程和优先浮选流程的特点，可消除过量药剂对浮选分离的不利影响，有利于提高精矿质量和回收率，但等可浮工艺流程浮选时间长、设备用量大、工艺流程也较为复杂。黄沙坪铅锌选矿厂的等可浮原则流程如图6-2所示。

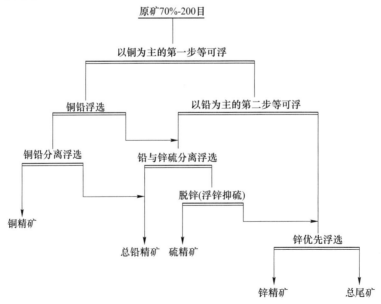

图6-2　黄沙坪铅锌矿选矿厂的等可浮原则流程图

6.1.1.3 硫化铜镍矿

硫化铜镍矿多以岩浆熔离型铜镍矿为主，其中镍含量在3%以上时为富矿，可直接冶炼，而镍含量低于3%时，需要进行选矿处理。当矿石镍含量低于3%时，主要伴有大量的金属矿物和脉石矿物。金属矿物以磁黄铁矿、镍黄铁矿、黄铜矿为主，其次为磁铁矿、黄铁矿、钛铁矿、铬铁矿、墨铜矿、铜蓝、辉铜矿、斑铜矿等。脉石矿物主要有橄榄石、辉石、斜长石、滑石、蛇纹石、绿泥石、云母等，部分还会含有石英、碳酸盐。

硫化铜镍矿中的铜主要以黄铜矿形态存在，镍主要以镍黄铁矿、针硫镍矿、紫硫镍铁矿等游离硫化镍的形态存在，此外，大部分镍还会以类质同象的形式赋存于磁黄铁矿中。镍矿物的浮选要求在酸性、中性或弱碱性介质中进行，捕收剂一般选用高级黄药，如丁基黄药或戊基黄药，起泡剂为松醇油，活化剂为硫酸铜。含镍磁黄铁矿则比其他镍矿物难浮，而且浮选速度较慢。一般情况下，硫化铜镍矿常采用浮选法进行分离，由于矿石类型、矿物含量以及伴生的贵金属含量不同，铜镍矿石所采用的浮选分离工艺流程也不尽相同，主要包括优先浮选工艺、混合浮选工艺、快速浮选工艺等。

铜镍矿石优先浮选工艺主要是针对性质简单、铜含量较高且镍含量较低的矿石。硫化铜镍矿的优先浮选工艺通常采用的是浮铜抑镍流程，通过加入硫化铜的捕收剂和硫化镍的抑制剂来达到铜镍分离的目的。该工艺的优点是成本较低，可以直接得到镍含量较低的铜精矿与合格的镍精矿；缺点是被抑制的镍黄铁矿和紫硫镍矿在后续浮选中难以活化，导致镍回收率不高，造成镍资源的浪费。

铜镍矿石混合浮选工艺是指先将矿石中的铜、镍矿物一起浮出得到铜镍混合精矿，然后再通过浮选法或者冶炼成高冰镍的方法进行铜镍分离的工艺，在各种性质的铜镍硫化矿中都有应用。其中铜镍混合浮选再分离工艺，即铜镍混合浮选——混合精矿抑镍浮铜的浮选工艺是目前硫化铜镍选矿厂最常用的铜镍矿石选矿流程。该流程先通过铜镍混合浮选得到铜镍混合精矿，混合精矿经过再磨脱药后，采取抑镍浮铜的方法分离得到铜精矿和镍精矿。

中国金川硫化镍矿石中主要金属矿物为镍黄铁矿、紫硫镍铁矿、黄铁矿等，脉石矿物主要有蛇纹石、橄榄石等，其选矿工艺流程如图6-3所示，该工艺采用两段磨矿、两段选别、分段精选的工艺流程。

6.1.1.4 硫化铜钼矿

常见的钼矿物有辉钼矿（MoS_2，含钼60%）、钼华（MoO_3）、彩钼铅矿（$PbMoO_4$）、钼酸钙矿（$CaMoO_4$）等，但目前只有辉钼矿具有工业价值。

辉钼矿是典型的具有天然疏水性的分子晶体矿物，可浮性好，但伴生的钼酸钙可浮性较差，会影响钼的回收率。其捕收剂主要是中性油类（烃油），如煤油、变压器油等，对于难浮辉钼矿可配合少量丁基黄药、十二烷基硫醇或丁胺黑药来强化浮选，可明显提高辉钼矿的回收率。中性油捕收剂不溶于水，在矿浆中分散性较差，单加入烃油浮选，泡沫生成慢、泡沫层薄，一般需乳化后才能提高捕收能力。由于天然可浮性好，因而辉钼矿较难抑制，常用的抑制剂一般为有机高分子物质，如淀粉、糊精、动物胶、皂素等。辉钼矿浮选时常用石灰或碳酸钠调整pH值，用水玻璃或六偏磷酸钠分散矿泥和抑制脉石。

目前，铜钼矿的浮选工艺主要有混合浮选、优先浮选、等可浮选三种，生产上大多数

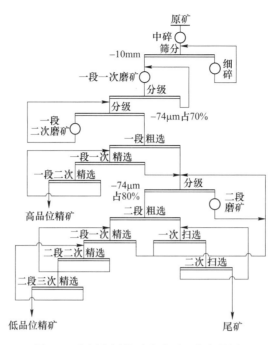

图 6-3   中国金川公司选矿厂工艺流程图

选择混合浮选，主要原因在于辉钼矿与黄铜矿可浮性相近、伴生严重，而混合工艺流程简单、成本较低。一般情况下，混合浮选捕收剂选用黄原酸盐类（丁基黄药），辅助捕收剂为烃类油（煤油），松醇油作起泡剂，石灰和水玻璃作调整剂。

对于后续铜钼混合精矿的分离工艺主要有抑钼浮铜和抑铜浮钼两种方案，鉴于辉钼矿更加易浮，因此大多数采用的是抑铜浮钼方式。但当进行高铜低钼矿的分离时，也可考虑抑钼浮铜工艺，因为抑铜将产生较高的药剂费用。铜钼混合精矿的分离主要包括分离前的预处理、分离中的抑制铜矿物及铜钼分离后的再富集。

预处理主要有如下方式：（1）浓缩混合精矿。主要是脱除铜钼混合精矿中的残余药剂和起泡剂。（2）加温。对混合精矿加温可使矿物表面的捕收剂分解，破坏疏水膜，蒸发矿浆中起泡剂。这样铜矿物表面被氧化，可浮性下降，受到抑制（但对辉钼矿的影响甚微），从而实现分离。（3）添加药剂。主要为氧化性药剂，如过氧化物、臭氧、氯气、高锰酸钾等，从而使铜矿物表面氧化而亲水，吸附的捕收剂氧化分解。

经预处理后便可进行铜钼分离的工序，其中最重要的就是浮选抑制剂的选择。常用抑制剂可分为无机物和有机物两类，无机物主要是诺克斯类、氰化物、硫化钠等，有机物则主要是巯基乙酸盐等，单独使用或混合使用均可。铜钼分离后还要进行进一步的钼精选和铜精选，钼一般要进行 6 次精选才可达到冶炼的要求。有时混合浮选精矿中会有部分钼未完全解离，还需要再磨工序。铜精选则相对简单，一般进行 1 次精选即可。

混合浮选应用于绝大部分铜钼矿分离，有时优先浮选、等可浮选也可考虑，关键在于原矿中铜和钼的品位、嵌布粒度等特征会影响药剂用量、磨矿等环节。西藏某铜钼矿采用的混合浮选工艺流程如图 6-4 所示，该铜钼矿石中铜品位为 0.76%、钼品位为 0.018%，通过混合浮选工艺最终可获得铜精矿品位 23.11%、回收率为 90.01%，钼精矿品位为

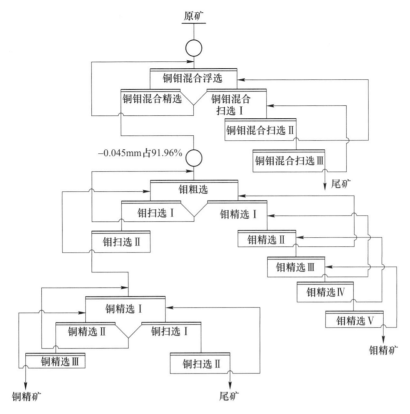

图 6-4　西藏某铜钼矿混合浮选闭路流程图

45.09%、回收率为 80.16%的浮选指标。

6.1.1.5　含贵金属硫化矿

贵金属是指金、银和铂族元素，其化学性质稳定，不易氧化。

金矿床主要有砂金和脉金两大类，其中的脉金矿床又分为含金石英脉型、黄铁矿型、含金多金属型、含金特殊矿物型（如金铀矿、钨锑金矿等）4 种类型。砂金矿都采用重选方法进行分选，而脉金矿石视具体情况可采用不同的分选方法进行处理。

在自然界中，多数金以自然金状态存在，但自然金并不是纯净的金，其金含量通常为 90%~95%，其余为银、铜或微量的其他金属。除自然金外，还有银金矿、碲金矿等。在脉金矿石中，金矿物常与黄铜矿、黄铁矿、方铅矿、闪锌矿等共生或伴生，这些含金的硫化物矿物常称为金的载体矿物。无论是金矿物，还是金的载体矿物，都具有较好的可浮性，所以脉金矿石常采用浮选方法进行分选。常用的捕收剂是黄药和黑药，石灰、硫化钠都是金的有效抑制剂。对于含有粗粒金的脉金矿石，在浮选分离之前常用重选方法回收粗粒金。当金矿物呈细粒浸染状与其他金属的硫化物矿物（主要是硫化铁矿物）共生时，最常用的方案是先浮选出含金的硫化物矿物，获得金精矿，然后再对金精矿进行氰化浸出回收金或在冶炼其他金属的过程中回收金，常用的浮选流程主要有单一浮选、浮选—重选、浮选—精矿氰化、浮选—焙烧—氰化工艺流程等。

自然界中的银矿物主要有自然银、辉银矿、锑银矿、硫锑银矿等，这些银矿物通常呈分散状态分布在多金属矿石、铜矿石及金矿石中。铅锌矿床中的方铅矿银含量特别丰富，约占全部银储量的50%，铜矿石中的银含量约占15%，金矿石中的银含量约占10%，单一银矿床的银含量仅占其全部储量的15%。所以银的载体矿物主要是方铅矿、闪锌矿、黄铁矿、黄铜矿等。含银矿石中的脉石矿物主要有石英、方解石、重晶石、萤石等。银矿石的浮选方法与金类似。

山东大尹格庄金矿矿石类型属低硫金矿石，金属矿物主要有黄铁矿和银金矿，其次有黄铜矿、方铅矿、闪锌矿等；非金属矿物主要有绢云母和石英，其次为长石和方解石等。其采用的浮选工艺流程为一次粗选、二次扫选、二次精选，如图6-5所示。

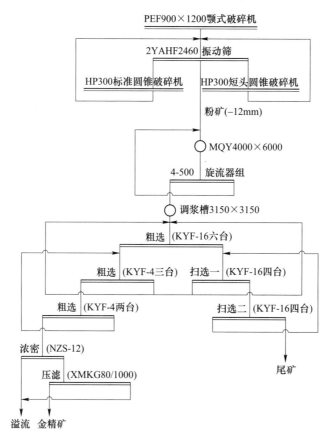

图6-5　山东大尹格庄金矿选矿工艺流程图

6.1.2　有色金属氧化矿浮选

6.1.2.1　氧化铜矿

含铜的氧化矿物包括赤铜矿（Cu_2O）、黑铜矿（CuO）、孔雀石（$CuCO_3 \cdot Cu(OH)_2$）、蓝铜矿（$2CuCO_3 \cdot Cu(OH)_2$）和硅孔雀石（$CuSiO_3 \cdot mH_2O$）。在某些干旱地区矿床中，在矿坑水中还会出现具有很高溶解度的矿物，如水胆矾（$CuSO_4 \cdot 3Cu(OH)_2$）、块铜矾（$CuSO_4 \cdot Cu(OH)_2$）、胆矾（$CuSO_4 \cdot 5H_2O$）等。

孔雀石（$CuCO_3 \cdot Cu(OH)_2$）的铜含量为57.5%，在含铜的氧化矿中可浮性相对较好。这种氧化铜矿物经过预先硫化以后，可以用硫化矿的捕收剂（如黄药）进行浮选；如果不进行预先硫化，也可用大剂量的高级黄药浮选，但直接用黄药浮选氧化铜矿因成本过高在工业上未得到应用。孔雀石还可以被脂肪酸（如油酸、棕榈酸等）及其皂类捕收，但是矿石中的碳酸盐脉石（如方解石、白云石等）与铜矿物具有相近的可浮性，因而浮选的选择性较差。所以，脂肪酸类捕收剂只适用于含硅酸盐脉石矿物的氧化铜浮选。

蓝铜矿（$2CuCO_3 \cdot Cu(OH)_2$）的铜含量为 55.3%，可浮性弱于孔雀石。其浮选条件与孔雀石基本相同，主要差别在于硫化法浮选时需与药剂作用较长的时间。硅孔雀石（$CuSiO_3 \cdot mH_2O$）的铜含量为 36.1%，可浮性最差。其主要原因在于硅孔雀石属于不稳定的胶体矿物，其表面具有很强的亲水性，黄药对其捕收效果较差，常使用长烃链脂肪酸、脂肪胺类捕收剂。水胆矾、块铜矾、胆矾这类铜矿物由于溶解度较大，一般采用化学浸出方式处理，某些难选氧化铜矿也常用化学浸出。

氧化铜矿浮选工艺可分为直接浮选法和硫化浮选法。以氧化铜矿为主的矿石，常采用硫化后混合浮选流程；以硫化铜矿为主的矿石，常采用优先浮硫化矿再浮氧化矿的流程。氧化铜矿浮选技术主要有以下 4 种：

（1）硫化浮选法。硫化浮选是将氧化铜矿物先用硫化钠或其他硫化剂（如硫氢化钠）进行硫化，然后用黄药作捕收剂进行浮选。硫化时，矿浆的 pH 值越低，硫化进行得越快。而硫化钠等硫化剂易于氧化，所以使用硫化方法浮选氧化铜矿时，硫化剂分批添加。硫酸铵和硫酸铝有助于氧化矿物的硫化，因此硫化浮选时加入该两种药剂可以显著地改善浮选效果。可用硫化法处理的氧化铜矿物主要是铜的碳酸盐类，如孔雀石、蓝铜矿等。

（2）脂肪酸（盐）法。脂肪酸及其皂类能很好地捕收孔雀石和蓝铜矿，实践中通常采用 $C_{10} \sim C_{20}$ 的混合的、饱和或不饱和的羧酸。该方法一般添加碳酸钠、水玻璃和磷酸盐作矿浆调整剂与脉石的抑制剂，且只适用于脉石不是碳酸盐的硅质氧化铜矿，此外当矿石中含有大量铁、锰矿物时，其分选指标也会变差。

（3）浸出—沉淀—浮选法（LPF 法）。此法适用于处理硅孔雀石等浮选指标很差的氧化铜矿。由于氧化铜矿物比较容易溶解，可将矿石细磨到单体解离，用浓度为 0.5% ~ 3% 的稀硫酸浸出，然后用铁粉置换，沉淀析出金属铜，再在酸性介质（pH = 3.7 ~ 4.5）中，用甲酚黑药或双黄药捕收沉淀金属铜及未溶解的硫化铜矿物。

（4）离析—浮选法。将氧化铜矿进行氯化还原焙烧，使矿物或矿物表面还原成易浮的金属铜或铜的硫化物，然后用黄药浮选。常用的离析—浮选法，是在粉碎的氧化铜矿中加入 1% ~ 2% 的食盐和 2% ~ 3% 的煤粉，充分混合均匀后加入回转窑或沸腾炉中，在 700 ~ 800℃下焙烧，铜以氯化物状态挥发出来。在炉内弱还原性气氛中，铜的氯化物被还原成金属铜并吸附在炭粒上，焙烧后的矿石经细磨后可用黄药浮选。此法适用于处理难选的氧化铜矿，特别是含泥较多以及含大量硅孔雀石和赤铜矿矿石。

云南东川汤丹的铜矿石中，铜主要存在于孔雀石等氧化铜矿物，其次为斑铜矿、黄铜矿等硫化铜矿物；脉石矿物主要为白云石，其次为方解石、石英；另外还含有少量褐铁矿、绢云母等。其采用的浮选工艺流程如图 6-6 所示。

6.1.2.2 氧化铅锌矿

有工业价值的氧化铅矿物主要有白铅矿（$PbCO_3$）、铅矾（$PbSO_4$）和彩钼铅矿

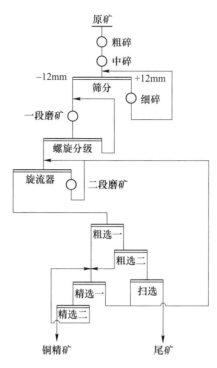

图 6-6　汤丹选矿厂工艺流程图

（$PbMoO_4$）。氧化铅矿常用硫化浮选法，经硫化后可用黄药或黑药作捕收剂，一般来说高级黄药的浮选效果较好。氧化铅矿硫化前通常需进行脱泥处理，脱去黏土、氢氧化铁及其他泥质矿物。亦可以不经脱泥处理，但需添加水玻璃等分散剂以消除矿泥的影响。硫化剂用硫化钠或硫氢化钠，但应注意过量的硫化钠会有抑制作用，此外还要避免一次集中添加硫化剂，以防止局部浓度过大而抑制铅矿物。

　　氧化锌矿主要有菱锌矿（$ZnCO_3$）、异极矿（$ZnO \cdot SiO_2 \cdot H_2O$）、红锌矿（$ZnO$）和硅锌矿（$Zn_2SiO_4$）等，其中菱锌矿最具工业价值。菱锌矿的锌含量为52%，可浮性较好，加温到50~70℃进行高温硫化，经硫酸铜活化后，用高级黄药捕收，或用短烃链脂肪胺类捕收剂捕收。异极矿的锌含量为54%，可浮性弱于菱锌矿，浮选方法与菱锌矿类似。

　　氧化铅锌矿具有较高的氧化物含量，其性质较脆弱，而且该种矿石构成复杂，很难选别，目前常见的氧化铅锌矿的浮选方法主要有硫化浮选法、絮凝浮选法、重浮联合选别法等工艺流程。

　　（1）硫化浮选法：氧化铅锌矿可浮性较低，采用常规捕收剂很难浮选出较高技术指标的氧化铅锌矿，通常用硫化—黄药浮选以及硫化—胺浮选。硫化—黄药浮选是将氧化锌矿物经硫化钠硫化后，添加硫酸铜作为活化剂，采用高级黄药类捕收剂进行浮选。硫化—胺浮选是将氧化锌矿物经硫化钠硫化后，采用脂肪胺类捕收剂进行浮选。硫化—胺浮选氧化铅锌矿适用于处理含易泥化脉石的氧化锌矿，但其工艺流程复杂，需要脱泥设备。

　　（2）絮凝浮选法：絮凝浮选氧化铅锌矿是对添加高分子化合物具有疏水性的微细粒矿物进行强烈搅拌，再加入捕收剂进行浮选。絮凝浮选适用于微细粒氧化铅锌矿的选别，但因高分子絮凝剂的研发难度大且成本高，目前此法未得到实际工业应用。

对于氧化铅锌矿的混合矿来说，可以采用先铅后锌或先硫后氧的原则流程，即按下列顺序浮选：

（1）方铅矿—氧化铅矿物—闪锌矿—氧化锌矿物。

（2）方铅矿—闪锌矿—氧化铅矿物—氧化锌矿物。

云南兰坪铅锌矿中，铅、锌矿物的氧化程度深、嵌布粒度细，属于典型的氧化铅锌混合矿，其选矿原则工艺流程如图6-7所示。

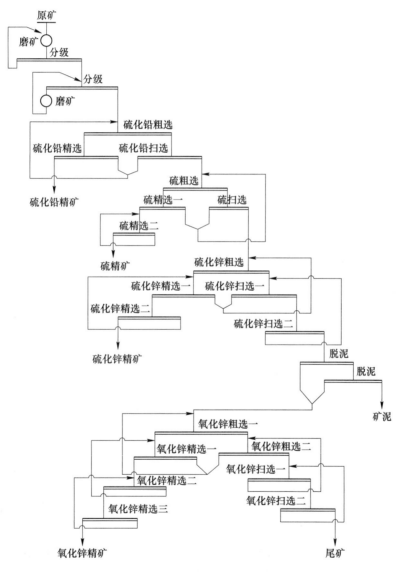

图6-7 兰坪铅锌选矿厂原则工艺流程图

6.1.2.3 锡石

目前已发现含锡矿物50余种，具有工业价值的主要有锡石、黄锡矿、圆柱锡矿、硫锡铅矿和辉锑锡铅矿，其中锡石是提取金属锡的最主要原料。目前锡石的主要选别方法是重选和浮选。锡石重选多选用摇床选别，但摇床分选往往存在着回收率低、效率低等缺点。另外，锡石具有性脆、易碎的特点，在碎磨过程中往往容易发生过粉碎而生成大量微细粒级锡石，这部分锡石通过重选往往难以进行有效回收，因而浮选成为回收细粒锡矿物的重要途径之一。但锡石的细粒浮选也存在着矿粒表面积大、药剂消耗量大等问题。目前改善锡石细粒浮选效果的方法有两种：一是在浮选前对细粒锡矿物进行预处理；二是使用有效的浮选药剂和设备组合。常见的预处理方式包括矿浆强烈搅拌、大口径水力旋流器分级与小口径水力旋流器脱泥、降低分级粒度下限和脱泥粒度下限等。

锡石浮选常见的捕收剂包括脂肪酸类捕收剂、烷基磺化琥珀酸类捕收剂、膦酸、肟酸等。水玻璃与碳酸钠、氢氧化钠常常一起作为锡矿浮选的 pH 值调整剂使用，其中水玻璃对锡石、方解石、白钨矿、石英、长石等矿物还具有抑制作用。此外，氟硅酸钠也是锡石细泥浮选时常用的调整剂，可配合烷基硫酸钠、苯乙烯膦酸使用，强化锡石的上浮，还可作为脉石矿物的抑制剂使用，来提高精矿品位。除上述调整剂以外，常见的锡石浮选调整剂还包括六偏磷酸钠、硫化氢、硫化钠、草酸、柠檬酸、乳酸、酒石酸等。锡石浮选常用的工艺流程如图 6-8 所示。

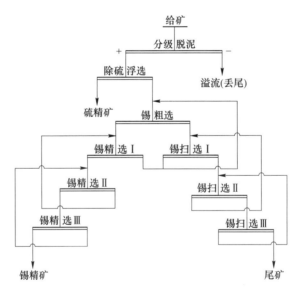

图 6-8　锡石的脱泥—浮选工艺流程图

6.1.2.4　铝土矿

铝土矿是生产氧化铝的主要原料，我国铝土矿资源丰富，主要为沉积型一水硬铝石型铝土矿，该矿石的特点是高铝高硅、铝硅比低，并且贫矿资源比例较大。为了更好地利用低品位铝土矿，可先提高矿石的铝硅比，再采用拜耳法生产氧化铝。

目前对于铝土矿降硅提铝应用最广泛的方法是浮选法，铝土矿浮选脱硅主要是将一水硬铝石与高岭石、伊利石和叶蜡石等铝硅酸盐矿物进行有效分离，其中高岭石和伊利石则呈多孔的不规则颗粒状，叶蜡石呈无孔的薄切片状，三种铝硅酸盐矿物均为层状硅酸盐矿物，且与目的矿物一水硬铝石可浮性差别不大。

铝土矿浮选可分为正浮选和反浮选，采用正浮选法分离时，多用脂肪酸盐类和油酸类为捕收剂，以六偏磷酸钠、水玻璃等为抑制剂，浮选一水硬铝石等铝矿物，抑制铝硅酸盐矿物；采用反浮选法分离时，多采用阳离子捕收剂浮选铝硅酸盐矿物，并用调整剂抑制铝矿物或活化铝硅酸盐矿物，达到分离目的。

图 6-9 为河南某铝土矿采用的一段磨矿—两级分级—全浮选工艺流程。

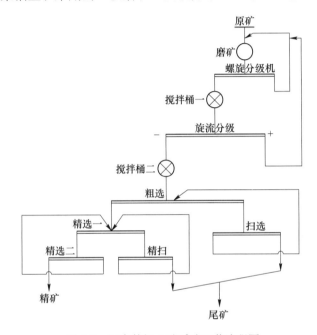

图 6-9　河南某铝土矿浮选工艺流程图

6.2　非硫化矿浮选

常见的非硫化矿种类繁多，主要包括各种氧化矿、铝硅酸盐、可溶盐等，如铁矿、稀土矿、钨矿都属于典型的非硫化矿。相较于硫化物矿物浮选，非硫化矿物浮选的难度更大，主要原因在于非硫化矿通常具有较强的亲水性，且有用矿物与脉石矿物类型相似，表面性质差异较小，因此浮选分离难度较大。

6.2.1　铁矿石浮选

6.2.1.1　铁矿石的分类

目前已知的含铁矿物多达 260 余种，而具有开采利用价值的铁矿石主要是指铁含量高、储量大的磁铁矿、赤铁矿、褐铁矿、菱铁矿等四大类。其中赤铁矿在自然界中能形成巨大的矿床，是钢铁工业生产中最主要的矿石，其次是磁铁矿。我国大型铁矿矿区的分布情况见表 6-1。

表 6-1 中国主要大型铁矿矿区简介

矿区名称	所属地区	主 要 构 成
鞍山矿区	东北	磁铁矿、赤铁矿
迁滦矿区	华北	磁铁矿
邯邢矿区	华北	磁铁矿、赤铁矿
大冶矿区	华中	磁铁矿、赤铁矿、黄铜矿、黄铁矿（铁铜共生矿）
芜宁矿区	华东	赤铁矿、磁铁矿
攀枝花矿区	西南	钒钛磁铁矿伴生矿
石碌矿区	海南	赤铁矿

东北地区铁矿资源概况：东北地区的铁矿资源主要分布在鞍山矿区，包括齐大山、东鞍山、大孤山、南芬等矿山，该地区铁矿资源较丰富，但矿石的铁品位低于国内铁矿石的平均品位，是鞍钢和本钢的主要原料基地。齐大山铁矿石的矿物组成相对简单，主要矿物为磁铁矿、假象赤铁矿、石英等；东鞍山铁矿石的组分较复杂，铁元素赋存于假象赤铁矿、赤铁矿、镜铁矿、磁铁矿、褐铁矿、菱铁矿、鲕绿泥石、铁白云石等矿物中；大孤山铁矿石的有用铁矿物主要为磁铁矿和假象赤铁矿，脉石主要为石英。

华北地区铁矿资源概况：华北地区的铁矿资源主要分布在河北省的宣化、迁安、邯郸、邢台等地以及内蒙古和山西各地，是首钢、包钢、太钢等的主要原料基地。其中迁滦矿区的铁矿石属于鞍山式贫磁铁矿，硫、磷杂质少，矿石的可选性好；邯邢矿区铁矿石的铁品位较高，主要铁矿物为赤铁矿和磁铁矿，部分矿石具有"高硫"的特点。

华中地区铁矿资源概况：华中地区的铁矿主要以湖北的大冶矿区为主，其他如河南安阳、湖南湘潭等地也有相当规模的储量，这些矿区主要是武钢、湘钢等的原料基地。大冶矿区作为我国开采最早的矿区之一，属于铁铜共生矿，主要铁矿物是磁铁矿和赤铁矿，矿石的脉石矿物主要为石英、方解石等，有一定的溶剂性。

华东地区铁矿资源概况：华东地区的铁矿资源主要分布在安徽芜湖至江苏南京一带，包括凹山、南山、梅山等矿山。芜宁矿区的铁矿石主要为赤铁矿和磁铁矿，矿石的铁品位较高，一部分富矿可直接入炉冶炼，一部分贫矿要经选矿精选、烧结造矿后供高炉使用。矿石中的硫、磷杂质含量较多，并且具有一定的溶剂性。

其他地区铁矿资源概况：除上述主要地区外，我国的四川、海南、新疆等地都有储量丰富的铁矿资源。如海南的石碌矿区是我国铁矿石的重要基地之一，不仅有丰富的铁、钴、铜资源，而且还有镍、硫、铝、金等多种矿产资源；攀枝花矿的铁矿石主要为钒钛磁铁矿，此外还伴生有铬、钪、钴、镍等多种有用矿物。

6.2.1.2 铁矿石的浮选

A 阴离子捕收剂正浮选

该工艺适用于处理性质简单、成分单一的矿石，使用阴离子捕收剂或螯合捕收剂，可分为两种方式：

（1）碱性正浮选。在苏打（Na_2CO_3）介质中以脂肪酸及其皂类（捕收能力较强）为捕收剂浮选铁矿物。

（2）酸性正浮选。在弱酸性介质中（使用少量工业硫酸，pH 值为 5.5 左右）经脱泥后以烷基磺酸盐为捕收剂浮选铁矿物，以水玻璃为脉石矿物抑制剂，兼有分散矿泥、控制难免离子作用。

正浮选的优点是药剂制度简单，成本较低；缺点是正浮选只适用于脉石较为简单的矿石，有时候需多次精选才能获得合格精矿，泡沫发黏，精矿滤饼的水分偏高。

B　阴离子捕收剂反浮选

该工艺常用于处理入选矿石品位高、脉石矿物可浮性好的富矿或粗精矿。对于脉石为石英类的矿物，首先用 NaOH 或 NaOH 与 Na_2CO_3 的混合物，调整矿浆 pH 值在 11.5 左右，再用钙离子活化石英，然后用脂肪酸类或环烷酸类捕收剂进行反浮选，这样得到的泡沫产品为脉石矿物，而留在槽中的产物则为铁精矿。反浮选时铁矿石的抑制剂可用淀粉（玉米淀粉、木薯淀粉等加热苛化产物）、木质素和糊精等。脉石矿物石英只有被多价金属阳离子活化后，才能用脂肪酸类药剂捕收。常用的活化离子是 Ca^{2+}，用得最多的活化剂是氧化钙（CaO）、氯化钙。

目前提高铁粗精矿品位的反浮选方法中，使用脂肪酸类或环烷酸类捕收剂较为普遍，由于这类药剂不易溶解与分散，浮选时往往需加热矿浆至 32℃ 以上，耗能较高。有研究表明，在脂肪酸类、环烷酸类捕收剂中加入表面活性剂和中性油等协同作用药剂时可有效提高捕收剂的分散性，降低浮选温度。

C　阳离子捕收剂反浮选

该工艺适用于矿物组成较复杂的铁矿石。捕收剂为胺类捕收剂，抑制剂为高分子有机化合物，如淀粉、木质素等。调整剂为水玻璃，用来分散矿泥，并兼有抑制铁矿物的作用，浮选 pH 值为 8~9。用阳离子反浮选可免去脱泥作业，故也可减少铁矿物的损失。该工艺适用于含铁品位高且成分较为复杂的含铁矿石的浮选。胺类阳离子捕收剂反浮选的主要缺点是泡沫黏度较大，操作困难，精矿质量也不如阴离子反浮选，采用与中性油类等药剂的联合用药方式可降低泡沫黏度，改善精矿质量。

6.2.1.3　铁矿石浮选的典型工艺流程

多年来，我国围绕提高铁矿石的选矿技术指标，开展了大量的研究工作，并取得了重大的进展，其中以连续磨矿-弱磁选—高梯度强磁选—阴离子反浮选工艺、阶段磨矿-粗细分选—重选—磁选—阴离子反浮选工艺最具有代表性。

（1）连续磨矿-弱磁选—高梯度强磁选—阴离子反浮选工艺流程见图 6-10。该工艺流程具有较好的工艺流程结构。从目前铁矿石选矿现状来看，高梯度强磁选是最有效的抛尾手段之一，阴离子反浮选是提高精矿品位最有效手段之一。因此，高梯度强磁选与阴离子反浮选的结合有利于实现工艺流程的优势互补，高梯度强磁选可为反浮选提供良好的选别条件，达到提质降尾的目的。

（2）阶段磨矿-粗细分选—重选—磁选—阴离子反浮选工艺流程见图 6-11。由于该工艺流程采取了阶段磨矿、阶段选别工艺流程，使得该工艺流程具有较为经济的选矿成本。一段磨矿后，在较粗的粒度下实现分级入选，一般情况下可提取 60% 左右的粗粒级精矿和尾矿，这大大地减轻了进入二段磨矿的量，有利于降低成本。此外，该工艺还实现了窄级

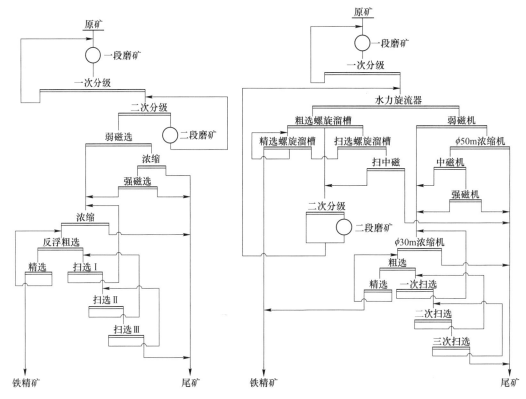

图 6-10　调军台选矿厂连续磨矿-弱磁—
强磁—阴离子反浮选工艺流程图

图 6-11　齐大山选矿厂阶段磨矿-重选—
强磁选—阴离子反浮选工艺流程图

别入选的选矿过程,能在较大程度上杜绝容易导致浮选过程混乱的现象发生,进而提高了选矿效率,尤其是细粒级的选别效率。

6.2.2　稀土矿石浮选

6.2.2.1　含稀土元素矿石的分类

稀土元素主要包括镧(La)、铈(Ce)、钇(Y)、钪(Sc)等 17 种元素,常见的稀土矿物有氟碳铈矿、独居石、磷钇矿、黑稀金矿、铌钙钛矿等。稀土元素在地壳中主要以矿物形式存在,其赋存状态概括起来有 3 种:

(1)作为矿物的基本组成元素,以离子化合物形式赋存于矿物晶格中,构成矿物必不可少的成分。这类矿物通常称为稀土矿物,如独居石、氟碳铈矿等。

(2)作为矿物的杂质元素,以类质同象置换的形式分散于造岩矿物和稀有金属矿物中,这类矿物可称为含有稀土元素的矿物,如磷灰石、萤石等。

(3)呈离子状态被吸附于某些矿物的表面或颗粒间,这类矿物主要是各种黏土矿物、云母类矿物,这种状态的稀土元素很容易提取。

我国的稀土矿主要有白云鄂博矿、四川冕宁矿、山东微山矿、江西等 7 省的离子吸附型稀土矿,广东、广西、江西的钇矿,湖南、广东、广西、海南、台湾的独居石矿,贵州含稀土的磷矿等。我国的稀土资源类型较多,稀土矿物种类丰富,包括氟碳铈矿、独居石矿、离子型矿、磷钇矿等,稀土元素较全。

稀土矿石浮选所用捕收剂可分为含氮捕收剂、羧酸类捕收剂、含磷捕收剂三大类。根据非极性基的类型可将稀土含氮捕收剂大致分为烷基类、环烷基类和芳香基类 3 种。目前，在工业中广为应用的有 $C_5 \sim C_9$ 烷基异羟肟酸、H205 和 H316 等。

6.2.2.2 典型稀土矿石的分选工艺

A 包头白云鄂博矿的浮选工艺

包头白云鄂博矿系沉积变质—热液交代的铁、稀土、铌多金属共生的大型矿床，其中含有稀土矿物 15 种之多，主要为氟碳铈矿和独居石轻稀土混合矿。稀土矿物粒度一般为 0.074~0.01mm，嵌布粒度较细，与其他有用矿物共生关系密切。故需将原矿石磨至 −0.074mm 占 90%~92%，采用弱磁—强磁—浮选工艺流程，可从此流程中的三处（即强磁中矿、强磁尾矿和反浮泡沫尾矿）回收稀土矿物。例如，采用 H205（邻羟基萘羟肟酸）、水玻璃、J102（起泡剂）组合药剂，在弱碱性（pH = 9）矿浆中浮选稀土矿物，经一次粗选、一次扫选、两次精选（或三次精选）得到 50% REO 混合稀土精矿及 30% REO 稀土次精矿，浮选作业回收率为 70%~75%。

B 四川凉山稀土矿的浮选工艺

凉山地区稀土资源主要分布在冕宁县牦牛坪稀土矿区，其次在德昌稀土矿区。该矿床系碱性伟晶岩-方解石碳酸盐稀土矿床，稀土矿物以氟碳铈矿为主，少量硅钛铈矿及氟碳钙铈矿，伴生矿物主要为重晶石、萤石、铁、锰矿物等。稀土平均品位为 3.70%。

矿石从粒度上分为块矿和粉状矿，块矿的矿物嵌布粒度粗，一般大于 1.0mm，其中氟碳铈矿一般在 1~5mm，易磨，单体解离度好。粉状矿石是原岩风化的产物，风化比较彻底，会形成矿石 20% 左右的黑色风化矿泥。可采用单一重选工艺、磁选—重选联合工艺及重选—浮选工艺等。

C 风化壳淋积型稀土矿的提取工艺

风化壳淋积型稀土矿即离子吸附型稀土矿，是一种国外未见报道的中国独特的新型稀土矿床，系含稀土花岗岩或火山岩经多年风化而形成，矿体覆盖浅，矿石较松散，颗粒很细。在矿石中的稀土元素 80%~90% 呈离子状态吸附在高岭土、埃洛石和水云母等黏土矿物上。稀土阳离子不溶于水或乙醇，但能在强电解质溶液中发生离子交换并进入溶液。

现有氯化钠池浸法、硫酸铵池浸法、堆浸法、原地浸出法可获得品位大于 90% REO 的稀土氧化物。其中原地浸出法能保护地貌、地表、植被不被破坏，且其成本较池浸低，故应用比较广泛。

D 伴生稀土元素矿石的提取工艺

稀土除了以独立的稀土矿资源存在外，还广泛伴生在其他金属、非金属矿中，最主要的稀土伴生资源有磷矿和铝土矿，其中部分铝土矿中稀土含量可达 0.1% 左右，在铝土矿生产氧化铝过程中，稀土几乎全部进入赤泥，富集比很低，目前经济回收十分困难。相对而言，磷矿中稀土含量更高，伴生稀土元素综合回收更有意义，有可能成为未来重要的稀土来源。但由于磷矿中稀土品位较低，单独提取稀土并无经济优势，需与磷酸生产结合，即在磷酸生产过程综合回收稀土。根据湿法生产磷酸用酸，稀土的提取可分为盐酸法、硝酸法和硫酸法。

山东微山湖稀土矿以氟碳铈矿和氟碳钙铈矿为主，并含有极少量的铈磷灰石和独居石，伴生矿物主要有方解石、白云石、重晶石、石英等。浮选采用硫酸作调整剂，在弱酸性介质中用油酸、煤油作捕收剂，经一次粗选、三次扫选、三次精选，可得到 REO 含量为 45%～60%、回收率为 75%～80% 的稀土精矿，浮选工艺流程如图 6-12 所示。

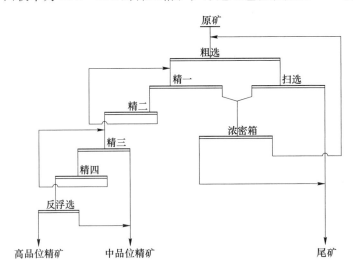

图 6-12　微山稀土矿选矿工艺流程图

6.2.3　非金属矿浮选

6.2.3.1　萤石

萤石又称氟石，为卤族矿物，其化学式为 CaF_2。有时含有稀有金属，富含钇者称为钇萤石，通常伴生石英、方解石、重晶石、黏土，或者是方铅矿、闪锌矿、锡石等杂质，可分为石英-萤石型矿石、碳酸盐-萤石型矿石、硫化物-萤石型矿石等类型。

萤石的用途极为广泛，主要有炼钢（矿渣的调整剂）、炼铝（用于制造冰晶石）、制造氟气气体（氟素，气体冷冻及冷库用）、炼镁（氟化镁）、制化学药品（氢氟酸、硅氟氢酸、氟化铵）、制造肥料（石灰氮肥）等。

石英-萤石型矿石多采用一次磨矿粗选，粗精矿再磨多次精选的工艺流程，其药剂制度常以碳酸钠为调整剂，调节矿浆至碱性，从而防止矿浆中多价金属阳离子对石英的活化作用，用脂肪酸类捕收剂浮选时需加入适量的水玻璃抑制硅酸盐矿物，其中水玻璃用量要控制好，过量时萤石也会被抑制。

碳酸盐-萤石型矿石中，萤石和方解石都含钙，因此用脂肪酸类作捕收剂时均具有强烈的捕收作用。为了提高萤石的精矿品位，选用有效抑制剂非常重要。含钙矿物的抑制剂有水玻璃、偏磷酸钠、木质素磺酸盐、糊精、草酸等，多以组合药剂形式加入浮选矿浆，如硫酸+硅酸钠对抑制方解石和硅酸盐矿物具有明显效果。此外，对含有较多方解石、石灰石、白云石等比较复杂的萤石矿，栲胶、木质素磺酸盐等的抑制效果也较好。

硫化物-萤石型矿石主要以铅、锌硫化物为主，萤石为伴生矿物。选矿方法以浮选法为主，先浮选硫化矿物，萤石为浮选的尾矿，可作为萤石矿单独处理，按选萤石流程进行多次精选，可获得较理想的浮选指标。

浙江某萤石矿 CaF$_2$ 品位为 30%~50%，脉石矿物以石英为主，浮选工艺流程如图 6-13 所示，采用油酸钠作捕收剂、水玻璃作调整剂，可获得品位为 97%~99%、回收率在 80% 左右的最终精矿。

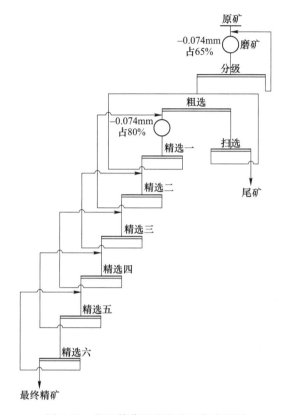

图 6-13 浙江某萤石矿选矿工艺流程图

6.2.3.2 长石

长石是钾、钠、钙等碱金属或碱土金属的铝硅酸盐矿物，称为长石族矿物。长石是分布最广的造岩矿物之一，约占地壳矿物组成的 60%。在陶瓷、玻璃等工业领域中应用的主要是钾长石（KAlSi$_3$O$_8$）、钠长石（NaAlSi$_3$O$_8$）、霞石。长石矿床按成因可分为两大类：

（1）伟晶岩型长石矿：此类矿床主要赋存于伟晶岩区，其围岩多为古老的沉积变质片麻岩或混合岩化片麻岩。矿石主要集中于伟晶岩的长石块体带或分异单一的长石伟晶岩中。我国长石矿床多为伟晶岩型矿床，如陕西临潼、四川旺苍、山西闻喜、山东新泰、辽宁海城及湖南衡山等，均属此类。

（2）岩浆岩型长石矿：此类矿床产于酸性、中酸性及碱性岩浆岩中，其中以产于碱性岩中的最为主要，如霞石正长岩、霞石正长斑岩矿床，其次为花岗岩、白岗岩矿床以及正长岩、石英正长岩矿床等。

从伟晶岩矿石中选钾长石或钠长石，主要解决 3 个问题：（1）脱除含铁矿物，如铁的氧化物、含铁角闪石等；（2）脱除云母类矿物，如白云母、绢云母等；（3）长石和石英的分离，以提高产品的钾或钠含量。一般用强磁选机脱除铁矿物，如高梯度强磁选机；也可采用浮选法除掉铁矿物，当矿浆 pH 值为 4~5 时，可用磺酸盐类捕收剂浮选含铁矿物。

长石和石英的分离是相对困难的，主要原因在于长石和石英在水溶液中荷电机理基本相同。二者晶体结构都是架状硅酸盐结构，只不过石英晶体结构中 1/4 的 Si^{4+} 被 Al^{3+} 取代，即为长石。由于 Al^{3+} 取代了 Si^{4+}，在相应的四面体构造单元中，会补充 K^+ 或 Na^+ 作为金属配衡离子，以保持矿物电中性。根据 K^+、Na^+ 含量可分为钾长石和钠长石。长石与石英的分选采用浮选工艺。目前主要有 3 种浮选方法，即氢氟酸法、硫酸法和无酸法。分选效果比较好的是氢氟酸法，其次是硫酸法。无酸浮选法，即矿浆的酸碱度为中性或碱性，因其工艺条件苛刻，至今未能实现工业应用。

6.2.3.3 磷灰石

磷灰石分子式为 $Ca_5(PO_4)_3(F, Cl, OH)$，其中 CaO 含量为 54.48%，P_2O_5 含量为 41.36%，F 含量为 1.23%，C 含量为 12.27%，H_2O 含量为 0.56%，F、Cl、OH 以等比计算。磷灰石按附加阴离子的不同可分为氟磷灰石、氯磷灰石、羟磷灰石、碳磷灰石、碳氟磷灰石、碳羟磷灰石等。磷灰石矿是一种晶质磷矿，主要含磷矿物为氟磷灰石和氯磷灰石。按磷灰石中有用成分 P_2O_5 的含量，又可分为高品位磷矿（P_2O_5 含量大于 30%）、中品位磷矿（P_2O_5 含量为 20%~30%）和低品位磷矿（P_2O_5 含量小于 20%）。高品位磷矿石一般不需要选矿，可以直接加工成磷肥。而中低品位磷矿，特别是低品位磷矿，一般需经过选矿富集后才能进行加工利用。

浮选是磷灰石最主要的选矿方法，目前磷灰石的浮选主要是实现含磷矿物与含钙碳酸盐（如方解石、白云石等）的分离。由于磷灰石与某些含钙的碳酸盐矿物同属含氧酸的钙盐，因此用脂肪酸类捕收剂进行浮选分离时，它们的可浮性相近，这给浮选分离造成了很大的困难。磷灰石的浮选主要是与方解石、白云石等矿物的分离，目前常用的浮选方法有以下 3 种：

（1）用水玻璃和淀粉等抑制碳酸盐等脉石矿物，用脂肪酸类捕收剂（可用煤油作辅助捕收剂）浮选磷矿物，浮选时矿浆的 pH 值为 9~11，可用碳酸钠和氢氧化钠来调节矿浆的 pH 值。

（2）加六偏磷酸钠抑制磷矿物，用脂肪酸先浮出碳酸盐脉石，然后再浮磷灰石。

（3）选用高选择性的烃基硫酸酯作捕收剂，先浮出碳酸盐矿物，再用脂肪酸浮磷灰石。

6.2.3.4 云母

云母是钾、铝、镁、铁、锂等层状结构铝硅酸盐的总称，具有连续的层状硅氧四面体结构，是分布最广的一种造岩矿物。常见的云母族矿物有绢云母、白云母、金云母、锂云母、黑云母等。工业上尤其是电气工业中常用的是白云母和金云母。

白云母的化学式为 $KAl_2[AlSi_3O_{10}](OH, F)_2$。单晶体呈假六方柱状、板状或片状，集合体呈鳞片状或叶片状。不含杂质的白云母薄片无色透明，不溶于热酸，对碱几乎不起作用，绝缘性和隔热性都相当优越。

金云母的化学式为 $KMg_3[AlSi_3O_{10}](OH, F)_2$。单晶体呈假六方板状、短柱状，集合体呈片状、板状或鳞片状。金云母无色透明或带有黄褐色、红棕色、绿色乃至深褐色，与碱、盐酸有反应，不导电，耐高温。

在工业上应用最多的是白云母，其次为金云母。其广泛应用于建材行业、消防行业、塑料、造纸、橡胶等化工行业。超细云母粉可作为塑料、涂料、油漆、橡胶等的功能性填料，以提高其机械强度，增强韧性、抗老化及耐腐蚀性等。

云母目前主要有两种浮选工艺：一是在酸性介质中，用胺类捕收剂浮选云母，调节矿浆 pH 值至 3.5 以下，浮选前往往需要进行脱泥作业；二是在碱性介质中用脂肪酸类阴离子捕收剂进行浮选，pH 值在 8~10.5 范围内，浮选前同样需要脱泥。云母浮选工艺中需经过多次精选才能获得最终合格的精矿产品。

6.2.3.5 高岭土

高岭土以发现于中国景德镇附近的高岭村而得名，是一种以高岭石族黏土矿物为主要成分、质地纯净的细粒黏土或黏土岩。高岭石族黏土矿物包括高岭石、埃洛石、地开石、珍珠陶土、水云母等。高岭土还含有少量非黏土矿物，主要是石英、长石、铝的氢氧化物和氧化物、铁矿物（褐铁矿、磁铁矿、黄铁矿）、钛的氧化物、有机质等。

高岭土的可塑性、黏结性、烧结性及烧后白度提高等特殊性能，使其成为陶瓷工业的主要原料；洁白、柔软、高度分散性、吸附性及化学惰性等优良工艺性能，使其在造纸工业得到广泛应用。目前，陶瓷工业和造纸业仍是高岭土主要应用领域。此外，高岭土在橡胶、塑料、耐火材料、石油精炼等工业部门以及农业和国防尖端技术领域亦有广泛用途。

高岭土矿石选矿的目的是除去染色杂质矿物（如铁的硫化物、氧化物和氢氧化物、钛的氧化物等）及矿石中的碎屑矿物（长石、石英等），从而提高产品的白度和纯度。高岭土矿石的选矿方法是以组成矿石的矿物粒度差异为依据确定的。因为在高岭土矿石中，细粒级矿物主要是富含铝的黏土矿物，粗粒级矿物主要是要选出的石英、长石、云母、粒状或结核状的黄铁矿、铁的氢氧化物、菱铁矿等碎屑矿物。

高岭土在造纸和陶瓷工业上用途广泛，通过浮选可以除去高岭土中的石英、铁、钛等杂质，塔尔油、油酸、羟肟酸及混合酸等常用作捕收剂，其浮选方法主要有以下几种：

（1）高岭土与石英分离。一般采用正浮选法，可用十二胺、三乙醇胺、吡啶等作高岭土的捕收剂，用木质素磺酸盐抑制石英等硅酸盐矿物，矿浆 pH 值控制在 3.0 左右，矿浆浓度在 10% 左右。该工艺的缺点是泡沫发黏，不易控制，需添加分散剂。

（2）高岭土与铁、钛矿物分离。一般采用反浮选法，用硫酸铵抑制高岭土，用脂肪酸类（或石油磺酸盐类）捕收剂捕收铁（Fe_2O_3）、钛（TiO_2）等杂质，浮选时矿浆 pH 值为 9.0 左右。

（3）高岭土与黄铁矿分离。有时高岭土中的铁杂质以黄铁矿形式存在，在这种情况下，可用六偏磷酸钠作分散剂，黄药作捕收剂，通过反浮选工艺除去黄铁矿杂质。

6.2.3.6 菱镁矿

菱镁矿化学组成为 $MgCO_3$，MgO 含量为 47.84%，属三方晶系碳酸盐矿物，白或灰白色。菱镁矿常有铁、锰类质同象替代镁，呈黄至褐色、棕色，但天然菱镁矿的铁含量一般不高。菱镁矿的脉石矿物主要是滑石、石英、蛇纹石、白云石、方解石、褐铁矿、磁铁矿等，菱镁矿精矿除了要求达到一定的 MgO 含量外，对 Ca、Si、Al、Fe 等杂质含量和烧失量有较严格要求。

菱镁矿除提炼镁外，还可用作耐火材料和制取镁的化合物。菱镁矿在 750~1100℃ 下煅烧获得轻烧镁粉，轻烧镁中 MgO 含量约提高 1 倍，具有很高的活性，是生产高体积密度镁砂的原料。俄罗斯、中国、朝鲜是世界上菱镁矿资源最为丰富的国家，我国的菱镁矿资源主要集中在辽宁、山东两省，约占全国总储量的95%。

菱镁矿石中的方解石、白云石等与菱镁矿同属碳酸盐矿物，它们含有相同的阴离子或部分相同的阳离子，具有相似的表面特性与可浮性，浮选分离相对困难。此外，Ca含量、Fe含量多的菱镁矿石选别效果也不好，原因在于易与Mg形成类质同象且性质相似。如果脉石中含有铁矿物，可配合磁选工艺进行除铁。

浮选菱镁矿的常用捕收剂有脂肪酸类、胺类捕收剂、烷基磺酸盐、中性油类等。常用抑制剂有水玻璃、磷酸盐（用于反浮选抑制硅酸盐类矿物）、有机高分子化合物（淀粉、木质素等用于正浮选抑制菱镁矿）等。矿浆pH值调整剂通常为HCl、Na_2CO_3等。菱镁矿的浮选工艺需根据脉石种类及含量采取不同的浮选方式，常用的工艺有反浮选工艺、反—正浮选工艺。

当菱镁矿矿石中脉石主要为滑石时，可采用一步反浮选工艺，以中性油类为捕收剂，槽内产品即为菱镁矿精矿。

当主要脉石为滑石、白云石、方解石时，常采用反—正浮选两步选别工艺。第一步利用中性油类捕收剂进行反浮选去除滑石，再正浮选菱镁矿。第二步采用脂肪酸类或烷基磺酸盐正浮选捕收剂捕收菱镁矿，抑制剂为水玻璃、六偏磷酸钠。

对于脉石类型复杂的镁矿石，如脉石中不仅有滑石、石英、蛇纹石，还有白云石、方解石，亦可采用反—正浮选工艺，首先采用胺类阳离子捕收剂反浮选去除滑石、石英，然后菱镁矿的正浮选采用氧化矿的阴离子捕收剂。

伊朗某菱镁矿选矿厂采用一次粗选、四次精选、中矿再返回的方式获得了菱镁矿精矿，其工艺流程如图6-14所示。

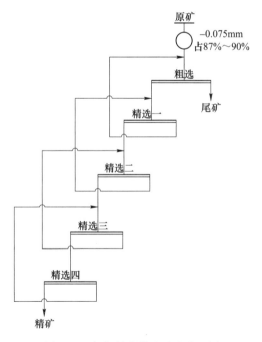

图6-14 伊朗某菱镁矿选矿流程图

6.2.3.7　石墨

石墨是一种自然元素矿物，与金刚石同是碳的同素异构体。石墨的工艺性能及用途主要取决于其结晶程度，据此，工业上一般将石墨矿石分为晶质（鳞片状）石墨矿石和微晶质（土状）石墨矿石两种类型。

晶质石墨矿石又可分为鳞片状和致密状两种。中国石墨矿石以鳞片状晶质类型为主，其次为隐晶质类型，致密状晶质石墨只见于新疆托克布拉等个别矿床中，工业价值不大。晶质（鳞片状）石墨矿石的石墨晶体直径大于 1μm，呈鳞片状。矿石的特点是固定碳含量较低，但可选性好。与石墨伴生的矿物主要有云母、长石、石英、透闪石、透辉石、石榴子石和少量硫铁矿、方解石等。这类矿石由于固定碳含量低，工业上不能直接利用，需经选矿处理才能获得合格的石墨产品。

微晶（土状、隐晶质）石墨矿石中的石墨晶体直径小于 1μm，呈微晶集合体。矿石呈黑色、钢灰色，具有致密块状、土状及层状、页片状构造。矿石固定碳含量较高，但可选性差，选矿效果不好。目前工业上只需手选后磨成粉末即可利用。

石墨是一种天然可浮性很好的矿物，用中性油即可捕收。石墨浮选中一般容易获得粗精矿，但高质量的石墨精矿很难得到。这主要是因为石墨鳞片嵌布复杂，在磨矿时容易包裹或者污染其他脉石矿物，从而增加脉石矿物的疏水性，给分选带来困难。

晶质石墨一般是通过筛分或水力分级将已经解离的大鳞片石墨分离出来，以免受到反复磨损。因为大鳞片石墨用途较广、资源少、价值高，石墨浮选时要注意保护其大鳞片，即 +50 目、+80 目和 +100 目的鳞片状石墨，其措施是在选别时采用多次磨矿多次选别的工艺流程，把每次磨矿得到的单体解离的石墨及时分选出来，如将矿石一次磨到很细的粒度，就会破坏大鳞片。故石墨浮选一般为多段磨矿（4～5 段）、多次选别（5～7 段），工艺流程主要有 3 种：精矿再磨、中矿再磨和尾矿再磨。鳞片石墨多采用精矿再磨流程，选矿回收率较低，一般为 40%～50%；精矿品位为 80%～90%。

石墨浮选常用的浮选药剂有 Na_2CO_3、水玻璃、煤油、2 号油、松醇油、石灰等。石墨精矿对品质要求较高，普通鳞片状石墨要求品位在 89% 以上，铅笔石墨品位要求在 89%～98%，电碳石墨要求品位达 99%。因此在石墨的浮选工艺中，为了获得高品位的石墨精矿，精选次数通常较多。我国某大鳞片石墨矿石的选矿工艺流程如图 6-15 所示。

6.2.4　其他非硫化矿浮选

6.2.4.1　钛矿

钛矿物种类繁多，地壳中钛含量 1% 以上的矿物有 80 余种，但现阶段具有利用价值的只有少数几种矿物，主要是钛铁矿和金红石，其次是白钛矿、锐钛矿、板钛矿、钙钛矿。

钛铁矿是一种钢灰至黑色矿物，分子式为 $FeTiO_3$，常含类质同象混入物镁和锰。金红石是一种褐红色矿物，金红石分子式为 TiO_2，钛含量为 60%，常含有铁、铌、钽、铬、锡等混合物，富含铁的金红石称为铁金红石，富含铌和钽的金红石称为铌钽金红石，铁金红石和铌钽金红石均为黑色，不透明。

我国具有工业价值的钛矿床可概括为岩浆钛矿床（原生矿）和钛砂矿两大类。原生钛铁矿矿床按其所含矿物种类可分为磁铁钛铁矿和赤铁钛铁矿两种类型。我国四川攀枝花和

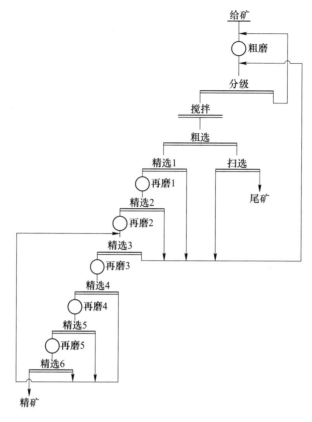

图 6-15   我国某大鳞片石墨矿石的选矿工艺流程

河北承德的钛矿床为磁铁钛铁矿，其中钒含量很高，称为钒钛磁铁矿矿床。砂矿床按所含矿物种类可分为金红石型砂矿和钛铁矿型砂矿两类。

钛矿物的分选方法（包括钛铁矿和金红石）主要有重选、磁选、电选及浮选。其中砂矿型钛矿的分选工艺相对简单，主要包括粗选与精选两部分，粗选一般采用重选方法，精选则根据矿石矿物组成采用磁选或电选工艺。

目前工业上开发的钛铁矿原生矿均是含铁、钛的复合矿床，选矿过程可分为选铁和选钛两部分。首先入选矿石经破碎磨矿，使大部分铁矿物及其他矿物单体解离，然后采用湿式弱磁选机选出铁精矿或铁钒精矿，磁选尾矿即为回收钛的原料。由于重选法回收粒度下限一般为 0.037mm，对于小于 0.037mm 的细泥物料则回收率很低，甚至不能回收，因此对于微细粒钛矿物来说，最佳的分选方法就是浮选法。

钛矿物的常用捕收剂主要有脂肪酸类捕收剂、膦酸类捕收剂以及羟肟酸、水杨羟肟酸类捕收剂。其中，钛铁矿被公认是一种难选矿物，其表面富含钛和铁的金属活性位点，为了增强钛铁矿的可浮性，目前主要通过引入金属离子和表面氧化改性两种方式来实现钛铁矿的活化浮选，目前应用较广的活化剂是硝酸铅，近年来也有用铜离子活化钛铁矿的研究报道。抑制剂则主要选用水玻璃、草酸、羧甲基纤维素、六偏磷酸钠和氟硅酸钠等，用来抑制脉石矿物的浮选。

随着我国钛铁矿资源贫、细、杂化特征日益突出，钛金属元素逐渐富集至细粒级部分，以四川攀枝花选钛厂为例，细粒部分钛金属含量占到了60%以上，而这部分钛金属基本未有效回收，造成了回收率的下降。因此，攀枝花选钛厂将重选—电选工艺逐渐改为磁选—浮选工艺（见图6-16），以提高钛精矿的分选指标。

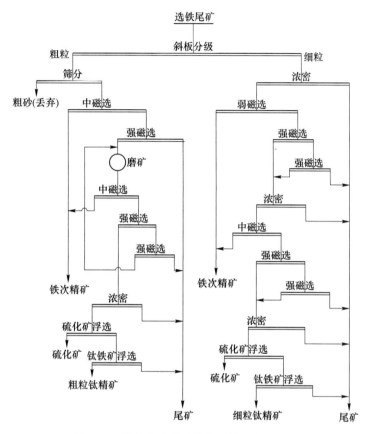

图 6-16 攀枝花选钛厂优化后的生产流程图

6.2.4.2 钨矿

含钨矿物可分为白钨矿和黑钨矿两大类。目前我国钨矿的开发利用以黑钨矿为主，白钨矿次之，常用重选—浮选联合法处理。由于钨矿密度较大，采用重选回收较为经济，从浮选角度来说，白钨矿比黑钨矿可浮性好很多，因此对于细粒嵌布的白钨矿常采用浮选回收。

白钨矿（$CaWO_4$）的浮选在碱性介质中进行，用碳酸钠、氢氧化钠调整矿浆 pH 值至 9~10.5，常用的抑制剂有水玻璃、单宁及各种磷酸盐。捕收剂常用的有油酸、油酸钠、塔尔油、氧化石蜡皂等，这些捕收剂都具有起泡性，一般不另加起泡剂。白钨矿具有很好的可浮性，因矿石中存在与其性质类似的含钙脉石矿物如方解石、萤石、磷灰石等，而导致浮选过程的复杂化。

常见的黑钨矿物有钨锰铁矿（$(Fe,Mn)WO_4$）、钨铁矿（$FeWO_4$）和钨锰矿（$MnWO_4$），它们是类质同象矿物。其中钨锰矿较易浮，钨锰铁矿中等，钨铁矿较难浮。浮选黑钨矿常用的捕收剂有油酸、磺化琥珀酸盐（A-22）、甲苯胂酸和烃基膦酸、异羟肟酸等。用脂肪酸浮选黑钨矿时，适宜的 pH 值为 7~9，常用碳酸钠作调整剂，水玻璃作脉石抑制剂，需注意水玻璃用量，量大时对黑钨矿也会起抑制作用。

钨矿浮选工艺的发展先后经历了脂肪酸加温浮选工艺、脂肪酸常温浮选工艺、以螯合剂为主的浮选工艺等阶段。其中脂肪酸法是以脂肪酸为主要捕收剂，采用常温或加温精选流程的工艺。螯合剂浮选工艺是以羟肟酸和铜铁灵等螯合剂为主要捕收剂，以金属离子为活化剂的工艺流程。

（1）脂肪酸加温浮选工艺：脂肪酸法是应用最普遍的白钨矿浮选方法，捕收剂为脂肪酸及其衍生物，如油酸、塔尔油、环烷酸、氧化石蜡皂等，其中油酸（油酸钠）和氧化石蜡皂在浮选中应用最为广泛。脂肪酸在含钙矿物表面的作用机理是油酸根与矿物表面钙质点形成疏水的油酸钙表面沉淀。脂肪酸类对白钨矿的捕收能力强，但选择性较差，因此，往往需要添加大量的水玻璃来抑制脉石矿物。

（2）脂肪酸常温浮选工艺：常温浮选法在粗选段将矿浆中的水玻璃控制在最佳抑制的浓度范围，充分发挥碳酸钠与水玻璃的协同效应，提高粗选富集比。而后在精选过程中添加大量水玻璃进行长时间（30min 以上）强烈搅拌，调浆充分后进行常温浮选。当白钨矿矿石矿物组成类型较为简单时，使用单一水玻璃作抑制剂就可以取得满意的分选技术指标。因此，常温浮选操作简单、浮选药剂及能耗成本较低，但常温浮选对矿石的适应性不强，对性质复杂的矿石往往技术指标不佳，主要应用于石英型白钨矿石。

（3）以螯合剂为主的浮选工艺：脂肪酸浮选工艺之后，又开发了以螯合类捕收剂为主的钨矿浮选工艺。螯合捕收剂主要包括羟肟酸类、砷酸类和铜铁灵等，可以与矿物表面的钙、铁、锰等金属质点形成稳定的配合物从而吸附在矿物表面。螯合捕收剂在钨矿浮选中表现出良好的选择性，可用于白钨矿和黑白钨混合矿石的浮选。羟肟酸是应用最为普遍的螯合捕收剂，其分子结构可表示为 R—CONHOH，常见羟肟酸有苯甲羟肟酸、水杨羟肟酸、辛基羟肟酸等。铜铁灵也是一种常见的螯合捕收剂，在钨矿浮选中也有一定的应用。以羟肟酸和铜铁灵为代表的螯合捕收剂具有良好的选择性，在钨矿浮选工艺发展中起到了重要的作用。20 世纪 90 年代，以螯合捕收剂为核心的综合选矿新技术——柿竹园法（见图 6-17），使我国的钨矿浮选技术达到世界领先地位。

6.2.4.3　锂矿

锂矿床可分为 5 种类型，即伟晶岩矿床、卤水矿床、海水矿床、气成热液矿床和堆积矿床，目前开采利用最多的锂资源是伟晶岩矿床、气成热液矿床和卤水矿床。典型的锂矿物主要有以下几种：

（1）锂辉石。锂辉石是单斜晶系晶体，常呈断柱状、板状产出，也见有粒状致密块体或粒状、断柱状集合体。颜色呈灰白、绿、暗绿或黄色，玻璃光泽，半透明到不透明，是目前世界上开采利用的主要锂矿物资源之一。

（2）透锂长石。透锂长石的外观与石英相似，700℃时转变为高温型锂辉石。津巴布韦的比基塔矿床是目前世界上最大的透锂长石矿床。

（3）锂云母 $KLiAl(Si_4O_{10})(F,OH)$。锂云母是一种稀有的云母。江西宜春钽铌矿伴生锂云母、铷、铯的多金属矿床是世界上最大的伴生锂云母矿床，也是我国正在开采利用的主要锂资源之一。

（4）磷锂铝石 $LiAl(PO_4)(F,OH)$。磷锂铝石最典型的混入物是 Na_2O，其含量可达

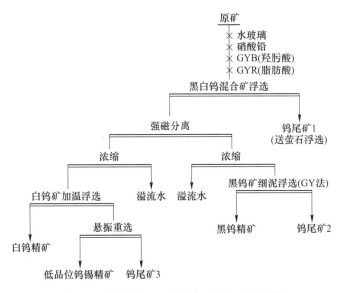

图 6-17　柿竹园 GY 法钨矿浮选主干流程图

1.96%（一部分锂类质同象被钠置换）。磷锂铝石属三斜晶系，白色、灰色、暗灰色、稍带黄色或玫瑰色，磷锂铝石性质与锂辉石类似，可溶于硫酸，虽然锂含量高，但矿物资源少。

（5）锂霞石。锂霞石是锂辉石变蚀的产物，化学组成为 $Li(AlSO_4)$，有时混入 CaO 等。晶体属六方晶系，晶型细小，常呈粒状集合体和致密块状产出，成晶体者极少见。颜色常呈灰白色、浅黄、浅褐、浅红、浅绿色等，有时也见有无色者；晶面呈玻璃状光泽，断口则呈现脂肪光泽，矿物资源量亦不多。

（6）锂冰晶石。锂冰晶石属立方晶系，形成八面体和粒状集合体。呈白色、无色、灰白色，薄片呈无色，该矿物资源稀少。

锂辉石是目前工业开发利用的主要锂矿资源之一，属于花岗伟晶岩矿物型，浮选法是获得高质量锂辉石精矿最有效的方法。目前，锂辉石的浮选工艺既包括正浮选工艺，也包括反浮选工艺。正浮选工艺通常在碱性环境中进行，经过多次强搅拌擦洗，然后脱泥，最后添加阴离子捕收剂浮选锂辉石矿物。反浮选工艺通常采用淀粉、糊精等抑制锂辉石，在碱性条件下用阳离子捕收剂浮出石英、长石、云母等硅酸盐类脉石矿物，使锂辉石与某些含铁矿物在浮选槽内得到富集，最后用磁选法去除含铁矿物，得到锂辉石精矿。

锂辉石常用的传统单一捕收剂主要包括油酸、油酸钠、十二胺、氧化石蜡皂、环烷酸皂、十二烷基硫酸钠、羟肟酸等。目前在锂辉石浮选中，多采用组合捕收剂，即不同捕收剂按照一定比例组合后，会产生共吸附、疏水端加长、促进吸附和改善溶液环境等作用，从而使组合捕收剂产生协同效应，使其具有比单一捕收剂更好的捕收效果。在调整剂方面，锂辉石浮选应用最为广泛的调整剂组合为 $NaOH\text{-}Na_2CO_3\text{-}CaCl_2$，俗称"三碱"，低品位锂辉石浮选中常采用该调整剂组合。

四川李家沟锂矿主要有用矿物为锂辉石、绿柱石、钽铌铁矿、锡石，主要脉石矿物有钠长石、石英，采用磁选—重选—浮选联合流程，如图 6-18 所示，可最终获得锂辉石精矿、锡精矿、钽铌铁矿。

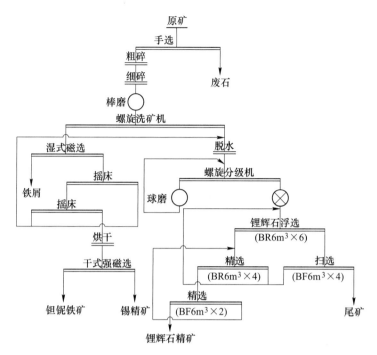

图 6-18　李家沟锂辉石矿选矿工艺流程图

6-1　主要硫化铜矿物有哪些？简述它们的浮选特点。

6-2　铜硫分离常用的浮选流程有哪些？简述它们的特点。

6-3　根据硫化铅锌矿物的可浮性及与浮选药剂作用的特点，简述硫化铅锌矿物浮选分离的方案及应用条件。

6-4　简要介绍硫化浮选法在氧化铜矿中的应用。

6-5　简要介绍浮选法在铁矿石选别中的应用。

6-6　阳离子捕收剂反浮选铁矿石有哪些优点？

6-7　针对不同萤石矿，应如何选择药剂制度？

6-8　石墨浮选的特点是什么？与其他非金属矿物浮选有何不同？

6-9　磷矿矿石浮选的主要工艺特点有哪些？

6-10　简述白钨矿的脂肪酸加温浮选工艺。

参 考 文 献

［1］ 胡为柏．浮选 ［M］．北京：冶金工业出版社，1983.

［2］ 张强．选矿概论 ［M］．北京：冶金工业出版社，1984.

［3］ 胡熙庚，黄和慰，毛钜凡，等．浮选理论与工艺 ［M］．长沙：中南工业大学出版社，1991.

［4］ 王淀佐．浮选剂作用原理及应用 ［M］．长沙：中南工业大学出版社，1982.

［5］ 卢寿慈，翁达．界面分选原理及应用 ［M］．北京：冶金工业出版社，1992.

［6］ 邱冠周，胡岳华，王淀佐．颗粒间相互作用与细粒浮选 ［M］．长沙：中南工业大学出版社，1993.

［7］ RALSTON J. Eh and its consequences in sulphide mineral flotation ［J］. Minerals Engineering，1991，4（7-
11）：859-878.

［8］ DAI Z，FORNASIERO D，RALSTON J. Particle-bubble attachment in mineral flotation ［J］. Journal of
colloid and interface science，1999，217（1）：70-76.

［9］ FARROKHPAY S. The significance of froth stability in mineral flotation—A review ［J］. Advances in Colloid
and Interface Science，2011，166（1-2）：1-7.

［10］ 李振，王纪镇，印万忠，等．细粒矿物浮选研究进展 ［J］．矿产保护与利用，2016（2）：70-74.

［11］ 刘安，韩峰，李志红，等．纳米气泡在微细粒矿物浮选中的应用研究进展 ［J］．矿产保护与利用，
2018（3）：81-86.

［12］ 印万忠，唐远．矿物基因浮选的研究现状 ［J］．金属矿山，2021，50（1）：42-54.

［13］ 马强，李育彪，李万青，等．矿物浮选动力学模型及影响因素研究进展 ［J］．金属矿山，2021，
50（11）：74-80.

［14］ 孙传尧，印万忠．硅酸盐矿物浮选原理 ［M］．北京：科学出版社，2001.

［15］ 谢广元．选矿学 ［M］．北京：中国矿业大学出版社，2005.

［16］ 任俊，沈健，卢寿慈．颗粒分散科学与技术 ［M］．北京：化学工业出版社，2005.

［17］ WILLS B A，NAPIER-MUNN T J. Mineral processing technology ［M］. Netherlands：Elsevier，2006.

［18］ 王淀佐，邱冠周，胡岳华．资源加工学 ［M］．北京：科学出版社，2008.

［19］ 印万忠．浮游选矿技术问答 ［M］．北京：化学工业出版社，2012.

［20］ 陈建华．硫化矿物浮选晶格缺陷理论 ［M］．长沙：中南大学出版社，2012.

［21］ 胡岳华．矿物浮选 ［M］．长沙：中南大学出版社，2014.

［22］ 魏德洲．固体物料分选学 ［M］．3版．北京：冶金工业出版社，2015.

［23］ MARABINI A M，BARBARO M，ALESSE V. New reagents in sulphide mineral flotation ［J］. International
Journal of Mineral Processing，1991，33（1-4）：291-306.

［24］ MARABINI A M，CIRIACHI M，PLESCIA P，et al. Chelating reagents for flotation ［J］. Minerals Engineering，
2007，20（10）：1014-1025.

［25］ 王淀佐，胡岳华．浮选溶液化学 ［M］．长沙：湖南科学技术出版社，1988.

［26］ 朱玉霜，朱建光．浮选药剂的化学原理 ［M］．长沙：中南工业大学出版社，1996.

［27］ 孙传尧．选矿工程师手册 ［M］．北京：冶金工业出版社，2015.

［28］ 朱建光．1999 年浮选药剂的进展 ［J］．国外金属矿选矿，2000，37（3）：2-6.

［29］ 邱冠周，伍喜庆，王毓华，等．近年浮选进展 ［J］．金属矿山，2006（1）：41-52.

［30］ 朱建光，朱一民．2009 年浮选药剂进展 ［J］．有色金属：选矿部分，2010（3）：48-56.

［31］ 董宪姝，杜圣星．高灰细泥细粒煤浮选技术进展 ［J］．选煤技术，2012（5）：110-114.

［32］ 王纪镇，印万忠，刘明宝，等．浮选组合药剂协同效应定量研究 ［J］．金属矿山，2013（5）：
62-66.

［33］ 徐龙华，田佳，巫侯琴，等．组合捕收剂在矿物表面的协同效应及其浮选应用综述 ［J］．矿产保护

与利用，2017（2）：107-112.

[34] 胡跃华，冯其明. 矿物资源加工技术与设备［M］. 北京：科学出版社，2006.

[35] 何廷树，陈炳辰. 微细粒浮选设备探讨［J］. 中国矿业，1994，3（4）：31-35.

[36] 张海军，刘炯天，王永田. 矿用旋流-静态微泡浮选柱的分选原理及参数控制［J］. 中国矿业，2006，15（5）：70-72.

[37] 刘炯天，王永田，曹亦俊，等. 浮选柱技术的研究现状及发展趋势［J］. 选煤技术，2006（5）：25-29.

[38] 沈政昌. 浮选机发展历史及发展趋势［J］. 有色金属：选矿部分，2011（B10）：34-46.

[39] 罗亨通，封东霞，杨多，等. 粗颗粒浮选技术及其应用［J］. 矿产保护与利用，2022，42（1）：129-137.

[40] SONG S，LU S，LOPEZ-VALDIVIESO A. Magnetic separation of hematite and limonite fines as hydrophobic flocs from iron ores［J］. Minerals Engineering，2002，15（6）：415-422.

[41] YIN W，YANG X，ZHOU D，et al. Shear hydrophobic flocculation and flotation of ultrafine Anshan hematite using sodium oleate［J］. Transactions of Nonferrous Metals Society of China，2011，21（3）：652-664.

[42] FORBES E. Shear，selective and temperature responsive flocculation：A comparison of fine particle flotation techniques［J］. International Journal of Mineral Processing，2011，99（1-4）：1-10.

[43] 邢耀文，桂夏辉，刘炯天，等. 基于能量适配的分级浮选试验研究［J］. 中国矿业大学学报，2015，44（5）：923-930.

[44] 李东，印万忠，姚金，等. 东鞍山含菱铁矿赤铁矿石分级浮选试验研究［J］. 金属矿山，2016（12）：51-56.

[45] 印万忠，唐远. 浮选新技术与新工艺［M］. 北京：化学工业出版社，2018.

[46] 胡熙庚. 有色金属硫化矿选矿［M］. 北京：冶金工业出版社，1987.

[47] 王淀佐. 硫化矿浮选与矿浆电位［M］. 北京：高等教育出版社，2005.

[48] 郑水林. 非金属矿加工与应用［M］. 北京：化学工业出版社，2009.

[49] 刘殿文，张文彬，文书明. 氧化铜矿浮选技术［M］. 北京：冶金工业出版社，2009.

[50] 周源，陈江安. 铅锌矿选矿技术［M］. 北京：化学工业出版社，2012.

[51] 陈代雄，田松鹤. 复杂铜铅锌硫化矿浮选新工艺试验研究［J］. 有色金属（选矿部分），2003（2）：1-5.

[52] 李成秀，文书明. 多金属硫化矿浮选研究的新进展［J］. 国外金属矿选矿，2004，41（1）：8-12.

[53] 邱廷省，何元卿，余文，等. 硫化铅锌矿浮选分离技术的研究现状及进展［J］. 金属矿山，2016（3）：1-9.

[54] 武薇，童雄. 氧化铜矿的浮选及研究进展［J］. 矿冶，2011，20（2）：5-9.

[55] EJTEMAEI M，GHARABAGHI M，IRANNAJAD M. A review of zinc oxide mineral beneficiation using flotation method［J］. Advances in Colloid and Interface Science，2014，206：68-78.

[56] YIN W，SUN Q，LI D，et al. Mechanism and application on sulphidizing flotation of copper oxide with combined collectors［J］. Transactions of Nonferrous Metals Society of China，2019，29（1）：178-185.

[57] 刘杰，韩跃新，朱一民，等. 细粒锡石选矿技术研究进展及展望［J］. 金属矿山，2014（10）：76-81.

[58] 郑其方，刘殿文，李佳磊，等. 锡石浮选捕收剂机理研究进展［J］. 中国有色金属学报，2021，31（3）：785-795.

[59] 张国范. 铝土矿浮选脱硅基础理论及工艺研究［D］. 长沙：中南大学，2001.

[60] 陈雯. 贫细杂难选铁矿石选矿技术研究进展［J］. 金属矿山，2010，5：55-59.

[61] 韩跃新，高鹏，李艳军，等．我国铁矿资源"劣质能用、优质优用"发展战略研究［J］．金属矿山，2016，45（12）：2-8.

[62] 罗溪梅，马鸣泽，孙传尧，等．铁矿石浮选体系中矿物交互影响的作用形式［J］．中国矿业大学学报，2018（3）：645-651.

[63] 池汝安，田君．风化壳淋积型稀土矿评述［J］．中国稀土学报，2007，25（6）：642-650.

[64] 李文博，武锋，杨峰，等．国内矿物型稀土选别工艺及浮选捕收剂机理研究新进展［J］．现代矿业，2019，6（1）：1-5.

[65] MARION C，LI R，WATERS K E. A review of reagents applied to rare-earth mineral flotation［J］. Advances in Colloid and Interface Science，2020，279：102142.

[66] 郑水林．非金属矿粉体加工技术现状与发展［J］．中国非金属矿工业导刊，2007（4）：3-6.

[67] 朱阳戈，谭欣，闫志刚，等．低品位菱镁矿浮选试验研究［J］．轻金属，2014（2）：1-4.

[68] GAO Z，WANG C，SUN W，et al. Froth flotation of fluorite：A review［J］. Advances in Colloid and Interface Science，2021，290：102382.

[69] 孙伟，卫召，韩海生，等．钨矿浮选化学及其实践［J］．金属矿山，2021，1：24-41.

[70] 朱一民，谢瑞琦，张猛．锂辉石浮选捕收剂及调整剂研究综述［J］．金属矿山，2019，2：15-21.

冶金工业出版社部分图书推荐

书　名	作　者	定价(元)
矿石可选性研究（第2版）	许　时	35.00
非硫化矿浮选药剂作用原理	朱一民　刘　杰　李艳军	156.00
现代选矿技术手册	张泾生	138.00
碎矿与磨矿（第3版）	段希祥	35.00
铜铅锌矿选矿新技术	陈代雄	88.00
白云鄂博稀土共伴生矿催化材料制备及其催化应用	龚志军　武文斐　李保卫	56.00
采矿工程导论	陈忠强　齐学元	49.00
矿物化学处理（第2版）	李正要	49.00
浸矿对离子型稀土矿体渗透性及强度的影响	王晓军　汪　豪　李永欣	59.00
选矿机械振动学	王新文　于　弢　赵国锋　等	46.00
含镁矿物浮选体系中矿物交互影响理论与应用	姚　金　薛季玮	66.00
复杂难选铁矿石深度还原理论与技术	孙永升　韩跃新　高　鹏	98.00
黑钨矿浮选中金属离子及BHA的作用机理	黄海威	66.00
微细粒级黑钨矿浮选过程强化与实践	艾光华	65.00
浮选工艺及应用	杨松荣　邱冠周	66.00
泡沫浮选	龚明光	30.00
柱浮选技术	沈政昌	58.00
浮选	赵通林	30.00